农业伤害

知识读本

么鸿雁 主编

中国环境出版集团·北京

图书在版编目（CIP）数据

农业伤害知识读本 / 么鸿雁主编 .—北京：中国环境出版集团，2018.11
（新农村健康教育系列丛书）
ISBN 978-7-5111-3510-0

Ⅰ．①农… Ⅱ．①么… Ⅲ．①农业生产－安全生产－基本知识 Ⅳ．① X954

中国版本图书馆 CIP 数据核字（2018）第 016561 号

出 版 人　武德凯
策划编辑　徐于红
责任编辑　赵　艳
责任校对　任　丽
封面设计　几至工作室

出版发行　中国环境出版集团（100062 北京市东城区广渠门内大街16号）
网　　址：http://www.cesp.com.cn
电子邮箱：bjgl@cesp.com.cn
联系电话：010-67112765　编辑管理部
010-67162011　生态分社
发行热线：010-67125803　010-67113405（传真）
印　　刷　北京中科印刷有限公司
经　　销　各地新华书店
版　　次　2018年11月第1版
印　　次　2018年11月第1次印刷
开　　本　880×1230　1/32
印　　张　4.5
字　　数　100千字
定　　价　24.00元

《新农村健康教育系列丛书》

丛书总策划

总策划：刘剑君　罗永席

策　划：么鸿雁　陶克菲　徐于红

丛书总编委

丛书主编：刘剑君

丛书副主编：么鸿雁　赵文华　陶　勇

钱　玲　吕　青

丛书秘书：郑文静　王琦琦

丛书编写办公室

主　任：徐于红

副主任：赵　艳

成　员：俞光旭　赵楠婕　王　菲

《农业伤害知识读本》编 委 会

主　编：么鸿雁

副主编：俞学群　郑文静

编　委：么鸿雁　王　萍　王　凯

郭孟杰　俞学群　郑文静

序

健康是促进人全面发展的必然要求，是经济社会发展的基础条件。随着我国疾病谱、生态环境、生活方式的不断变化，城乡居民的健康问题也日益复杂，面临多重疾病威胁并存、多种健康影响因素交织等诸多问题。当前，受经济发展、生产生活环境、卫生条件和健康设施等诸多因素影响，广大农村地区面临的健康问题更加严重，农村居民可获取的卫生和健康知识不足、渠道有限，对健康教育的需求也非常迫切。

在中国疾病预防控制中心和中国环境出版集团的共同努力下，我们精心策划出版了这套《新农村健康教育系列丛书》，旨在为农村居民了解和学习卫生健康知识提供专业指导，通过最适合当前广大农村地区实际情况的健康知识传播途径，针对主要的健康问题，开展有效的健康教育，并通过倡导健康文明的生活方式、培养自主自律的健康行为、营造健康支持性环境，对农村居民的个人健康、生活质量和家庭幸福产生积极的促进作用，以支持广大农村地区开展健康教育工作。

本丛书有三个鲜明特点：一是深入浅出。以农村居民为主要读者群体，通俗易懂地讲述健康知识。二是图文并茂。采用插图和照片等多种方式，传递健康信息。三是实用有趣。通过故事性的叙述，形象生动地呈现农村居民生产生活中的实用知识。我们衷心期待本丛书能为广大农村居民获取健康知识、改善生活质量发挥积极的促进作用，并推动全社会更加关心、关注、关爱广大农村地区的健康事业发展！

本丛书第一辑推出农业伤害预防、儿童健康、妇女健康、老年健康、营养、理性饮酒、环境、常见慢性病防治和结核病防治九本知识读本，从不同方面为农村居民介绍卫生健康知识，全方位提供专业指导。

《新农村健康教育系列丛书》编委会

目 录

第一章 农业伤害常识

第二章 农药中毒

第一章

农业伤害常识

1. 什么是农业伤害?

农业伤害是指农业生产活动过程中发生的，或农业生产环境中的危险因素造成的伤害。具体内容包括：

（1）伤害是在从事农业生产及其相关活动过程中，或暴露于此类场所危险因素中（包括非工作者或非工作时）受到的伤害。

（2）农业生产及其相关活动是指广义的农业生产活动，包括种植业（农作物栽培，包括大田作物和园艺作物的生产）、林业（林木的培育和采伐）、牧业（畜禽饲养）、渔业（水生动植物的采集、捕捞和养殖）、副业（采集野生植物、捕猎野兽以及农民家庭手工业生产）。

（3）既包括急性躯体损伤，如溺水、窒息、冻伤以及急性

中毒等。也包括常年工作负荷造成的慢性躯体损伤，如腕管综合征、慢性腰背痛、大棚肺以及感染性中毒等。

农业伤害还应包括以下几种特殊情况：①与农业劳动或农业生产环境中的有害因素有关，在酒精 / 药物作用下发生的伤害；②在公路上，与农业生产活动相关的交通运输活动中发生的伤害，如在公路上运输牲畜、农作物等时发生的伤害；③未进行农业劳动，但是由正在进行农业作业或者农业作业环境中的有害因素，如农场动物、粪池等造成的伤害；④农业生产及其相关活动中自然力所致的损伤，如中暑、晒伤、冻伤等。

2. 为什么说农业伤害是健康的大敌？

世界劳工组织的数据估计，全球每年有 17 万农场工人丧生，数百万的农场工人在工作场所事故中严重受伤或因接触和使用杀虫剂及其他化学用品而出现中毒，而实际的数字可能更高。美国国家安全委员会的数据显示，在美国，农业是仅次于采矿业的第二危险职业，农业伤害死亡率是所有职业平均死亡率的 6 倍，超过了采矿业和建筑业的死亡率；农业伤害致残率约为其他职业平均致残率的 2 倍。欧盟地区每年有 1/3 的农民会遭受不同程度的伤害，伤害死亡率为万分之 1.3。新西兰，农业部门工作相关的伤害发生和死亡率在所有行业中最高，农场工人每年平均死亡率为万分之 0.89，约为其他所有行业平均死亡率的 2.5 倍。

美国每年用于农业伤害治疗和康复的费用以及因农业伤害造成的生产损失超过 100 亿美元。新西兰意外事故赔偿公司平均每年接受的农业工人诉讼赔偿案件超过 4 000 件，每 1 000 个农场工人中就有 29.8 个曾经提过诉讼赔偿，这个数字几乎是其他所有行业的 2 倍。

发达国家中，在农场生活和工作的儿童和青少年是农业伤害的高危人群。美国每年需接受急诊科治疗的农业伤害的人数约为 2.2 万人，其中未满 20 岁的儿童和青少年人群占了 24.2%。

3. 自身的哪些原因更容易导致农业伤害的发生？

（1）受伤史

受伤史是个体发生农业伤害最常见的危险因素。由于受伤后没有得到及时有效的治疗和康复，在完全康复之前就重新从事剧烈的农业活动，是导致个体再次受到伤害的主要原因。

（2）听力障碍

听力障碍是农业伤害常见的危险因素之一。农场工人经常处于高水平噪声环境中（如拖拉机、机械、链锯等），听力障碍较为普遍。听力损伤后，对危险情况的判断能力下降，与其他人交流也受限，增加了发生伤害的风险。

（3）睡眠不足

睡眠不足已被确定为农业伤害的一个危险因素。长期缺乏高质量睡眠可能会引起白天嗜睡、对工作粗心，以及无法对农场中的危险情况做出恰当应对。

（4）关节炎

关节炎会影响髋部、膝盖活动，从而影响农业劳动如拖拉机的驾驶等。农场工人因关节炎或关节疼痛，当面对复杂工作环境（如机械、大型动物或其他危险）时，活动受到很大的限制，也会造成农业伤害的发生。

（5）抑郁和压力

目前，抑郁所致的行为异常、注意力不集中等可增加个体遭受伤害的风险。此外，压力过大也与农业伤害有关。短期或长期压力，使人处于高度紧张状态，难以对危险环境做出及时的反应，从而使农业伤害的危险性增加。

（6）服用药物

一些药物会影响个体对环境的感觉反应，增加伤害的发生风险。如胃药与心脏治疗药物、安眠药、麻醉镇痛剂与非甾体抗炎药、抗抑郁剂等药物的使用与农业伤害风险有关。

（7）其他

如戴眼镜或视力问题、心脏问题、平衡问题、糖尿病、骨质疏松症、癫痫发作和精神病等与农业伤害发生之间可能存在关系。

4. 在劳动过程中有哪些情况容易造成农业伤害？

农业生产过程中接触多种环境危险因素，如拖拉机、农用器械、封闭式结构（粮仓、大棚）、高架电力线路、农用工具、池塘和农场动物等容易造成农业伤害。

世界卫生组织将造成农业伤害的原因总结为以下几点：

（1）不安全的条件和不安全的行为；

（2）使用镰刀、砍刀等造成的锐器伤以及使用高负荷或设计不合理的农用工具造成的长期损伤，如后背痛等；

（3）由于对农业机械和机械使用方式不熟悉造成的农用机械伤害；

（4）农场电线或电力设备等安装不安全造成的伤害；

（5）被高处跌落的物体砸伤或者从高处跌落造成的伤害；

（6）农场建筑或居住环境造成的伤害等。

不安全的条件或行为举例

不安全的条件或行为	结果
高处缺少防护	跌落
工作期间将工具摆放在不安全的位置	工具从高处跌落伤及他人
农业机器缺少安全防护	衣服卷入卷带、卷轴等伤及手指、胳膊或身体
易燃易爆物的不安全储存	火灾，包括自燃
牲畜和拖拉机等失控	动物咬伤、踢伤；拖拉机撞伤、压伤司机或其他工作者
不正确地使用工具	手脚割伤或截肢
使用保养不善的工具	工具在使用期间损坏伤及他人
远距离负重	肌肉骨骼损伤
在潜在危险地区吸烟或使用明火	火灾或爆炸
在移动金属灌溉管道或使用金属梯子等过程中触及空中线路	造成严重烧伤或电击死亡

小贴士：

2011 年，揭阳普宁市某农场一间凉果简易加工场发生一起致 5 人死亡的事故。

50 岁的刘某在事发凉果加工场工作，事发时加工场内的腌制池里正在腌制棠梨。早上8时许，刘某沿着搭在腌制池旁的梯子下去，准备捞池中的水果，却掉进了池中。

在不远处有5名建筑工人正在砌围墙，闻讯立即赶来，想把刘某救起来。其中1名建筑工人跑到池边闻到池中气味觉得身体不适，没敢下池救人。据他描述，另外4名建筑工人先后下到池中救人，却连同刘某一起都没能够活下来。

经查，死亡原因是腌制池释放出大量含硫氰或氢化氰气体，5人吸入毒气猝死。

（摘自《广州日报》）

5. 你知道这些农村医保政策吗？

（1）门诊补偿

①村卫生室及村中心卫生室就诊报销60%，每次就诊处方药费限额10元，卫生院医生临时补液处方药费限额50元。

②镇卫生院就诊报销40%，每次就诊各项检查费及手术费限额50元，处方药费限额100元。

③二级医院就诊报销30%，每次就诊各项检查费及手术费限额50元，处方药费限额200元。

④三级医院就诊报销20%，每次就诊各项检查费及手术费

限额 50 元，处方药费限额 200 元。

⑤中药发票附上处方每贴限额 1 元。

⑥镇级合作医疗门诊补偿年限额 5 000 元。

（2）住院补偿

①报销范围：

药费；

辅助检查：心脑电图、X 光透视、拍片、化验、理疗、针灸、CT、核磁共振等各项检查费限额 200 元；手术费（参照国家标准，超过 1 000 元的按 1 000 元报销）。

60 周岁以上老人在镇卫生院住院，治疗费和护理费每天补偿 10 元，限额 200 元。

②报销比例：

镇卫生院报销 60%；二级医院报销 40%；三级医院报销 30%。

③大病补偿

凡参加合作医疗的住院病人一次性或全年累计应报医疗费超过 5 000 元以上分段补偿，即 5 001 ~ 10 000 元补偿 65%，10 001 ~ 18 000 元补偿 70%。镇级合作医疗住院及尿毒症门诊血透、肿瘤门诊放疗和化疗补偿年限额 1.1 万元。

④哪些不属报销范围

自行就医（未指定医院就医或不办理转诊单）、自购药品、公费医疗规定不能报销的药品和不符合计划生育的医疗费用。

门诊治疗费、出诊费、住院费、伙食费、陪客费、营养费、输血费（有家庭储血者除外，按有关规定报销）、冷暖气费、救护费、特别护理费等其他费用。

车祸、打架、自杀、酗酒、工伤事故和医疗事故的医疗费用。矫形、整容、镶牙、假肢、脏器移植、点名手术费、会诊费等。报销范围内，限额以外部分。

6. 外伤出血应该如何急救？

在农业生产过程中经常会因外伤引起出血。由外伤引起的大出血，如不及时予以止血和包扎，会严重威胁人的健康乃至生命。外伤出血按出血血管的种类可分为动脉出血、静脉出血和毛细血管出血 3 种。动脉出血时呈泉涌、搏动性，尤其是大的动脉血管破裂，血液呈喷射状，颜色鲜红，常在短时间内造成大量失血，容易引起生命危险；静脉出血较缓慢，呈紫红色；毛细血管出血血液成水珠样流出，常能自动凝固止血。

遇外伤出血可采用指压止血法，在伤口的上方即近心端，找到跳动的血管用手指紧紧压住，与此同时准备材料换用其他方法止血，采用此法，救护人员必须熟悉各部位血管出血的压迫点。其次可采用加压包扎止血法，用消毒的纱布、棉花做成软垫放在伤口上，再用力加以包扎，增大压力达到止血目的为止，该法应用较为普遍，效果也好。

所以，在紧急状况下，可先采用指压止血法进行有效止血，然后再改用其他方法进行救助，防止血液流失过快。

7. 指压止血法操作要领是什么？

指压止血法是一种快速、有效的止血方法。这种方法是一种临时的，用于动脉出血的止血方法，不宜持久采用。采用该方法止住血后，应根据具体情况换用其他有效的止血方法。下面根据不同的出血部位采用不同的指压止血法。

（1）颞动脉压迫止血法

用于头部发际范围内及前额的出血。方法是一手固定伤者头部，另一手拇指垂直压迫可感觉到动脉搏动的耳屏上方凹陷处，其余四指托住下颌，如图 1 所示。

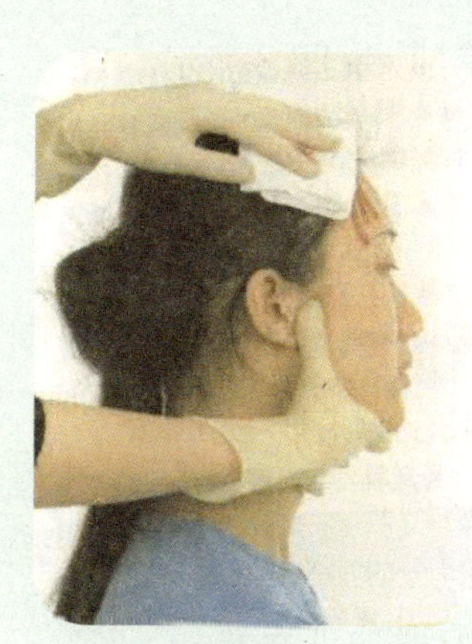

图 1　颞动脉压迫止血法

（2）颌外动脉压迫止血法

用于颌部及颜面部的出血。方法是一手固定伤者头部，另一手拇指在下颌角前上方约 1.5 厘米处，向下颌骨方向垂直压迫，其余四指托住下颌，如图 2 所示。

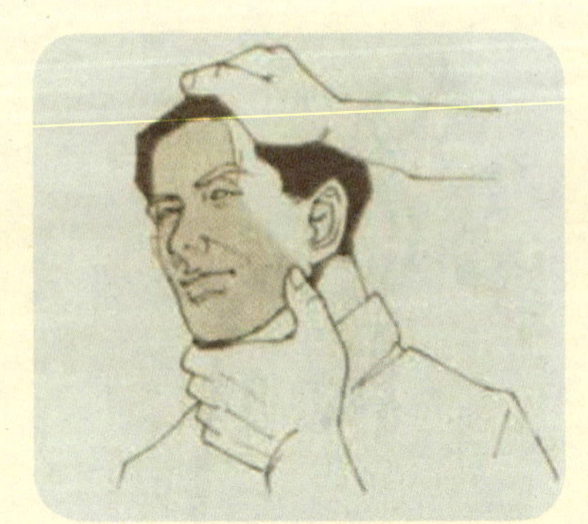

图 2　颌外动脉压迫止血法

（3）锁骨下动脉压迫止血法

用于肩部或上肢的出血。方法是用拇指在伤者锁骨上窝搏动处向下垂直压迫，其余四指固定肩部，如图 3 所示。

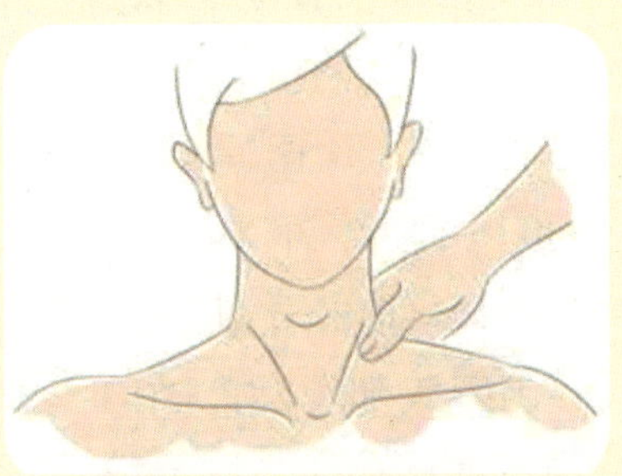

图 3　锁骨下动脉压迫止血法

（4）肱动脉压迫止血法

用于手及前臂的出血。方法是一手握住伤者伤肢的腕部，上肢外展，并抬高上肢；另一手拇指在上臂肱二头肌内侧沟搏动处垂直压迫肱动脉，如图 4 所示。

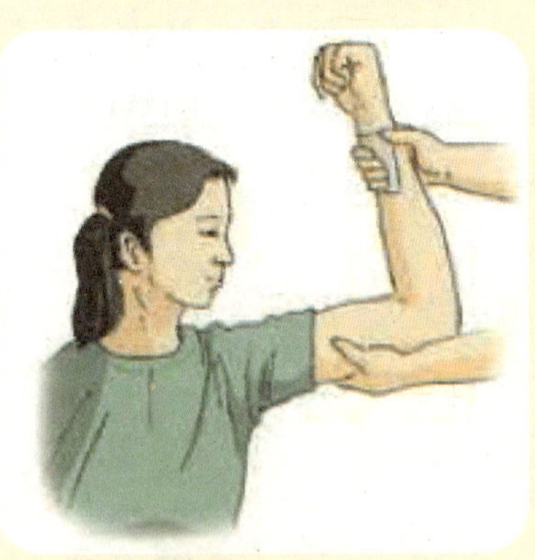

图 4　肱动脉压迫止血法

（5）股动脉压迫止血法

用于大腿、小腿的出血，方法是用两手拇指重叠放在腹股沟韧带中点稍下方、大腿根部搏动处用力垂直向下压迫，如图5所示。

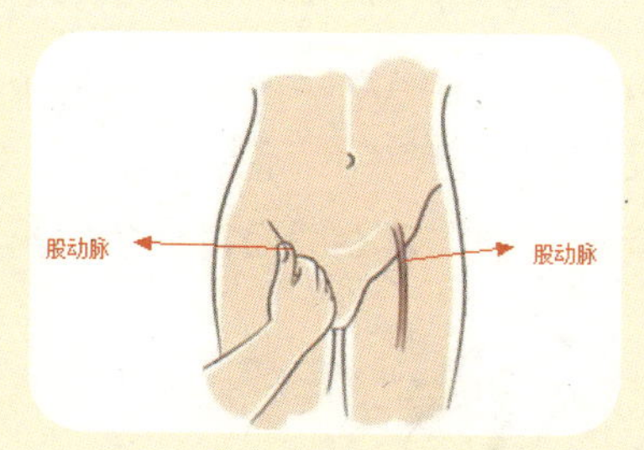

图5 股动脉压迫止血法

（6）足背动脉与胫后动脉压迫止血法

用于足部的出血。方法是用两手拇指分别压迫足背中间近脚腕处（足背动脉），以及足跟内侧与内踝之间处（胫后动脉）如图6所示。

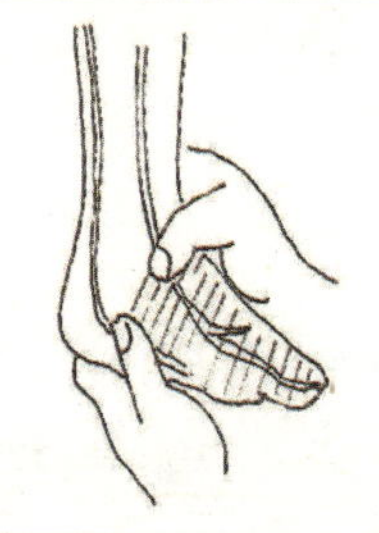

图6 足背动脉与胫后动脉压迫止血法

8. 关节扭伤后怎么办？

农业生产劳动过程中经常会发生关节扭伤的情况，关节扭伤后关节周围的肌肉韧带和毛细血管都会破裂，如果不好好处理，很可能会导致青肿。发生关节扭伤后，①不要立即推拿，尽量不要去动它。②准备冷水，将毛巾用冷水浸湿敷于扭伤处，冷水可使毛细血管收缩，不要用热水。③尽量抬高受伤关节，不要运动，防止青肿，等毛细血管愈合后再进行推拿。

9. 发生骨折后如何处理？

农业生产劳动过程中容易发生意外伤害而造成骨折，出现局部疼痛、畸形功能障碍等情况。一旦有人发生骨折，应做紧急处理，然后送医院抢救。

骨折发生后，应当迅速使用夹板固定患处。如果不固定，让骨折部位乱动，有可能损伤神经血管，造成麻痹。但是，骨折时，由于局部有内出血而不断肿胀，不应固定过紧，不然会压迫血管导致淤血。固定方法可以用木板附在患肢一侧，在木板和肢体之间垫上棉花或毛巾等松软物品，再用带子绑好。松紧要适度。木板长短以固定住骨折部位上下两个关节为准，这样才能彻底固定患肢。如果家中没有木板，可用树枝、擀面杖、雨伞、报纸卷等物品代替。

皮肤有破口的开放性骨折，取掉伤口表面的异物，若出血严重，可用干净消毒纱布压迫，在纱布外面再用夹板。压迫止不住血时，可用止血带，并在止血带上标明止血的时间。包扎固定过紧也能引起神经麻痹，酿成不可挽回的后果。当用夹板、绷带固定后，每隔30分钟用手指插进去查看一下，以确认是否松紧适当。

10. 发生冻伤如何处理？

人如果处在寒冷的农业生产环境中时间过长，手、脚、耳朵、鼻尖等处就会出现冻伤。轻者皮肤红肿、灼痛或发痒，重者皮肤起水泡，甚至造成皮肤、肌肉或骨骼坏死。

处置轻度冻伤的方法是：①如果手脚冻伤，可将手或脚浸泡在 38 ~ 40℃的温水中，直到冻伤处皮肤的颜色恢复正常。患者也可将冻伤的手放在自己的腋下，让冻伤处慢慢恢复温暖；②如果耳、鼻或脸部冻伤，可戴上手套或用棉垫、纱布垫轻轻捂在冻伤处，直到皮肤颜色恢复正常；③不要用冰雪在冻伤处摩擦，这样会增加散热甚至造成局部损伤；也不要用火烤或将冻伤处放在过热的水中，这样会导致局部组织坏死，加重冻伤。

第二章

农药中毒

11. 什么是农药?

农药是指用来预防、消灭或者控制危害农、林业的病、虫、草和其他有害生物，以及有目的地调节、控制、影响植物和有害生物代谢、生长、发育及繁殖过程的一种物质或者几种物质的混合物及其制剂。狭义上的农药是在农业生产中，为保障、促进植物和农作物的生长所使用的杀虫、杀菌、杀灭有害动植物的一类药物的统称。农药可以是化学合成的，也可以来源于生物、其他天然产物或应用生物技术制造而成。

农药的使用可以有效地防治病虫草鼠，是植物保护工作的重要方法。只要用药准确、方法正确就能取得显著效果，能迅速控制一些常见的多发性、爆发性虫害，确保作物生长，具有简单、方便、见效快的优点。但目前农药的使用也存在一些问题，如低毒、高效的农药品种比较少，滥用农药导致农产品农药残留超标，错用、误用农药造成虫害抗药性增强，随意处置残留农药或农药包装造成环境污染等。

12. 什么是农药中毒?

农药中毒是指在使用或日常生活中接触农药时，农药通过不同途径（如呼吸道、消化道、皮肤等）进入机体，当进入机体的剂量超过正常人的最大耐受量后，机体的正常身体功能受到影响，造成机体生理失调或病理改变，甚至造成不可逆性脏器损害，表现出一系列的中毒临床症状。

按照中毒症状出现的时间，可将农药中毒分为急性农药中毒和慢性农药中毒。急性农药中毒是指短时间内人体接触大量农药后对机体造成的损害，通常起病急、症状重，病情变化迅速，若治疗不及时可危及生命。慢性农药中毒是指农药剂量在不引起急性中毒的条件下，机体反复长期接触农药引起的生理生化及病理学上的改变，一般起病缓慢，病程较长。

按照接触农药时所从事的活动，可将农药中毒分为生产性农药中毒和非生产性农药中毒。其中，生产性农药中毒是指在从事农药生产活动或从事农业生产活动的过程中接触农药所引起的中毒。非生产性农药中毒是指日常生活中，由于误服农药或误食被农药污染的食物而引起的农药中毒。因此，在购买和使用农药时，一定要先了解农药毒性的大小和使用注意事项，按照要求使用，在储存时避免与生活用品混放。

小贴士：

7月正是棉花田间管理关键时期，塔城地区乌苏市各乡场镇农牧民都开始忙着给棉花喷洒农药防治虫害。然而，施药当中防护措施不到位，极易发生有机磷农药中毒事件。进入7月以来，乌苏市人民医院内一科就先后收治了7名喷洒农药后中毒的患者，经过对症积极治疗，4名患者康复出院，3名患者正在医院接受治疗。

市人民医院内二科主治医生姚惠莲说：“近期，喷洒农药中毒的患者比较多，主要是没有采取防护措施，农药不知不觉吸收进呼吸道或渗透到皮肤上，引起农药中毒。提醒广大农民朋友：注意把农药放置在高处，避免儿童误服中毒；夏天喷施农药时，要穿好长袖衣服和长裤，戴帽子、口罩和乳胶手套进行防护；施药后要及时洗澡、换衣。”

（摘自乌苏市人民政府网）

13. 接触农药一定会导致中毒吗?

农药中毒的发生有一定的条件，只有当人体吸收的农药超过正常人的耐受量后，才会发生中毒。也就是说，接触农药不一定会导致中毒。农药的毒性可分为五级：剧毒农药、高毒农药、中毒农药、低毒农药和微毒农药。目前，我国农村地区使用的农药多为低毒农药和微毒农药。出于安全考虑，部分剧毒农药和高毒农药已禁止销售和使用，如六六六、滴滴涕、百草枯水剂等。

14. 农药中毒有哪些症状?

不同农药的中毒机制不一样，导致中毒症状也有所不同。农药中毒的共性表现主要有：

（1）局部刺激症状：表现为接触农药部位出现皮肤出血、水肿、水疱、瘙痒、皮疹等，严重者可出现灼伤和溃疡。有机氯、

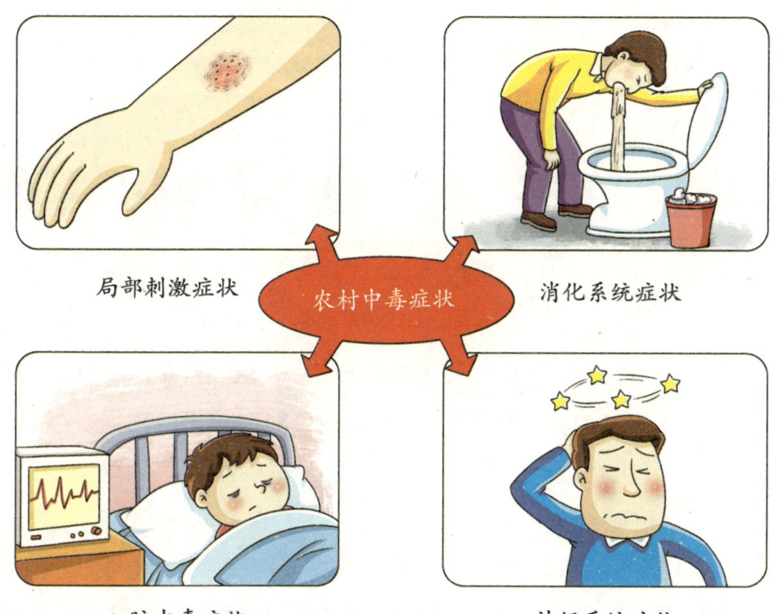

有机磷、百草枯等农药刺激作用较强。

（2）消化系统症状：多数农药经口进入机体可引起化学性胃肠炎，出现恶心、呕吐、腹痛、腹泻等消化系统症状，农药引起的腐蚀性胃肠炎可出现呕血、便血等表现。常见农药有砷制剂、百草枯等。

（3）心脏中毒症状：主要表现为心电图异常（如ST-T波改变、传导阻滞、心律失常）、心源性休克甚至猝死。

（4）神经系统症状：主要表现为对神经系统代谢、功能或机构的损伤，引起明显的神经症状。常见有脑水肿、中毒性脑病引起的烦躁、意识障碍、昏迷、感觉障碍或异常等表现。以杀虫剂中毒最为常见。

15. 不同种类的农药可分别引起什么样的特异性中毒症状？

（1）血液系统毒性：杀虫脒、除草醚引起高铁蛋白血症甚至溶血，茚满二酮类、羟基香豆素类杀鼠剂引起全身出血。

（2）肝脏毒性：有机砷、有机磷、有机氯等农药可造成肝功能异常及肝脏肿大。

（3）肾脏毒性：有机硫、有机砷、有机磷、杀虫双、五氯苯酚对肾小管有直接毒性，可造成肾小管急性坏死，甚至造成急性肾功能衰竭。

（4）肺脏刺激损伤：氯化苦、福美锌、有机磷、百草枯等可引起化学性肺炎、肺水肿，百草枯还能引起急性肺间质纤维化。

16. 什么原因可导致农药中毒的发生？

（1）对农药的认识不足。大多数农药使用者在使用农药前并没有详细了解所使用农药的相关信息，如毒性、浓度、使用量、使用范围及注意事项等。为了达到使用者自认的理想效果，部分施药者甚至自行增加农药的使用浓度或将多种农药混合使用。

（2）不用或不适当采用防护措施。在配制农药和施药时，若能正确采用防护措施可降低农药中毒的风险：如配药时戴橡胶手套，施药时穿长衣长裤、戴口罩等均可减少农药接触。

防护装备使用不当也可能增加农药接触的风险，如喷药应佩戴专门的防毒口罩，若佩戴普通的纱布口罩不仅达不到防护的作用，还将导致人体长时间接触口罩上沾染的农药。

（3）保管不严。未使用完的农药或使用完的农药包装处置不当，是导致误食农药的主要原因之一。部分人群未将剩余农药妥善保管或未及时处置农药包装，导致家人（尤其是小孩）误食而发生中毒。

17. 发生农药中毒时应该怎样救护？

一旦发现有人出现农药中毒，应立即进行救治，减少农药的吸收，以缓解患者的病情，为进一步的救治争取时间。

（1）经皮肤中毒的患者应立即脱去被污染的衣服，用温水或肥皂水冲洗干净（敌百虫除外，因其遇碱后会变为毒性更大的敌敌畏）。

（2）经呼吸道中毒的患者应立即带离现场，移至空气新鲜处。解开患者衣领、腰带等，保持呼吸通畅。

（3）经口中毒的患者应及早引吐，但在中毒者昏迷不醒时，不得引吐，以免引起患者吸入性窒息。

（4）尽快将患者送往就近的医院，进行下一步的治疗。

18. 应该怎样预防农药中毒的发生？

农药中毒严重危害劳动者的健康，但是只要在施用农药的过程中多加注意，绝大多数农药中毒是可以预防的。

（1）配制农药时，佩戴专门的橡胶手套并检查手套是否有破损，若皮肤不小心沾染药液，及时用清水或肥皂水清洗。

（2）严格按照说明配制农药，禁止随意提高农药浓度或多种农药混合使用；

（3）喷洒农药前，检查喷药装置（喷雾器）是否存在滴漏等现象，若存在滴漏现象，禁止用手拧或用嘴吹喷头。

（4）喷洒农药时穿戴防护用品，如专门的长衣长裤和鞋子、乳胶手套和口罩等。

（5）喷药时应顺风隔行喷药，避免药剂被吹到身上或身体被刚喷洒农药的农作物污染。

（6）选择适宜的天气用药。避免高温作业，夏季尽量选择早晚施药，避开中午高温。大风、大雨天气不要施药。

（7）避免连续长时间作业，一次连续作业不应超过 3 小时。

（8）在喷洒农药的过程中，禁止饮水、吃东西或吸烟。

（9）喷洒农药后应及时清洗可能被污染的皮肤和头发，有

应该怎样预防农药中毒的发生

1. 佩戴专门的橡胶手套
2. 严格按照说明配制农药
3. 检查喷药装置
4. 喷洒农药时穿戴防护用品
5. 喷药时应顺风隔行喷药
6. 选择适宜的天气用药
7. 避免连续长时间作业
8. 在喷洒农药的过程中，应禁止饮水、吃东西或吸烟
9. 喷洒农药后应及时清洗可能被污染的皮肤和头发
10. 特殊人群，如老人、小孩、孕妇等禁止使用农药

条件时最好是洗澡。

（10）特殊人群如老人、小孩、孕妇等禁止使用农药。

19. 为什么高温天气喷洒农药会增加中毒的风险？

（1）接触面积大：高温天气喷洒农药时，操作者穿着较少，皮肤裸露部分较大，增加农药接触面积。

（2）吸收快：气温高时，血管扩张，血液循环加速，使沾染皮肤的农药吸收加快。

（3）防御能力降低：高温天气，为利于汗液的挥发，汗腺口处于开放状态，使皮肤的防御能力降低。

（4）农药挥发快：高温天气，农药挥发快，使喷洒农药的局部微环境中农药浓度升高，增加人体吸收量。

20. 一次用不完的农药应该如何处理？

日常使用农药时难免会有剩余，如何处置剩余的农药是一个值得大家关注的问题，若处置不当不仅会造成环境污染，还会对人、畜的健康造成危害。

（1）不可随地丢弃：剩余农药及包装袋、玻璃容器等不可随意丢放。农药包装物沾有农药遗留成分，随地丢弃会造成作物、土壤及水质的二次污染。用剩的农药及包装不能用作他用，应送至相应的农药废弃物回收站进行集中处理。

（2）不可散装存放：剩余的农药不可散装、散放，更不可开放式存放。散装裸放的农药可直接释放药物到空气、土壤中，造成环境污染。

（3）不可风吹日晒：许多农药成分在风与光的条件下会发生光合作用，降低药效的同时会造成空气、土壤的污染。

（4）不可混放混装：不同农药品种，所含药物成分不同。混装混放的农药可产生化学反应而生成新的化合物质，其毒性也随之发生改变。

21. 农药不慎入口（吸入）后应该怎样救治？

任何农药均可经口（鼻）进入人体，且由于胃和小肠的吸收面积大，吸收较完全，故口服农药中毒发病迅速，病情严重，若抢救不及时，可导致患者死亡。

（1）催吐、洗胃，彻底清除尚未吸收的农药。洗胃时间一般在入口（吸入）农药后 4 ~ 6 小时最佳，但不论服药时间的长短都应立即洗胃。

（2）在补液充足的条件下，及时利尿导泄，促进毒物的排泄。

（3）部分农药有特效解毒剂，在抢救病人的同时，应及时给予解毒剂。如阿托品的使用可以提高有机磷农药中毒的抢救成功率。

（4）给予对症支持治疗。

22. 什么是农药性皮炎?

农药性皮炎是指农药对人体皮肤产生化学刺激而引起的疾病，主要表现为皮肤瘙痒，出现红色斑丘疹、水疱、肿胀，严重者局部出现糜烂伴有疼痛感，一般在接触农药后一至两天出现症状。

预防方法：不要用手直接搅拌农药；喷药时穿戴专门的长衣长裤，并佩戴眼镜和手套，尽量减少皮肤暴露部位；农药污染皮肤后，应立即用清水或肥皂水进行冲洗。

23. 农药污染皮肤后为什么要用肥皂水冲洗?

大多数农药属酸性，而肥皂水属于碱性液体。当皮肤沾染农药后，用肥皂水冲洗不仅可以稀释农药的浓度，还能使农药和肥皂水中的化学成分发生中和反应，从而降低农药的毒性。但是敌百虫沾染后禁止使用肥皂水清洗，因为敌百虫遇到碱性物质后会分解产生毒性更大的敌敌畏。

24. 什么是农药的安全间隔期?

农药安全间隔期是指农产品在最后一次施用农药到收获农作物前的时期，即从喷药到农作物农药残留量降至允许残留量所需的时间。不同农药的药剂分解、消失的速度不同，其安全间隔期也不同。不同农药的安全间隔期见表1和表2。

表1　不同杀虫剂的安全间隔期

农药名称	安全间隔期／天	农药名称	安全间隔期／天	农药名称	安全间隔期／天
敌敌畏	6	氯戊菊酯	12	90% 晶体敌百虫	7
乐果	10	乐斯本	7	10% 的氟氯菊酯	5
吡虫啉	10	克螨特	7	灭扫利	3
啶虫脒	15	哒螨酮	40	辛硫磷	10
敌百虫	7	20% 丁硫克百威	25	速蚧杀	20
虫满克	7	除虫脲	7	30% 螟全净	14

农药名称	安全间隔期 / 天	农药名称	安全间隔期 / 天	农药名称	安全间隔期 / 天
氯氰菊酯	3	5% 来福灵	3	25% 灭幼脲	21
溴氰菊酯	7	莱喜	3	2.5% 敌杀死	7

表 2　不同杀菌剂的安全间隔期

农药名称	安全间隔期 / 天	农药名称	安全间隔期 / 天	农药名称	安全间隔期 / 天
多菌灵	20	8% 甲霜灵锰锌	3	50% 扑海因	7
甲基硫菌灵	30	杀毒矾	3	77% 可杀得	5
72% 克露	15	百菌清	7	瑞毒霉锰锌	3
特富灵	3	粉锈灵	20	50% 速克灵	10
农利灵	4	BT	3	80% 代森锰锌	15
12.5% 腈菌唑	7	50% 福美双	10	烯酰吗啉	10
波尔多液	15	氟硅唑（福星）	18	25% 咪鲜胺	7
25% 丙环唑（敌力脱）	20	乙嘧酚	10	炭疽福美	10
氟吗啉	7	70% 代森锰锌	20	福美双	7
65% 代森锌	15	50% 施保功	15	10% 多氧霉素	3

农药名称	安全间隔期 / 天	农药名称	安全间隔期 / 天	农药名称	安全间隔期 / 天
15% 粉锈清	14	20% 噻菌铜	8		

25. 不同种类农药中毒后的特效解毒剂分别是什么？

解毒剂是指针对不同农药的中毒发病机理，解除其毒性的特效药物或拮抗药物。目前只有少数农药有解毒剂，大多数农药并无特效解毒剂。

（1）抗胆碱药（阿托品）、胆碱酯酶复能剂（氢溴酸山莨碱、溴本辛）等治疗有机磷农药中毒。

（2）甘油乙酸酯及乙酰胺治疗氟乙酸钠、氟乙酰胺中毒。

（3）亚硝酸－硫代硫酸钠、羟钴胺及氯钴胺治疗氰化物中毒。

（4）美蓝和苯甲胺蓝治疗高铁血红蛋白氧化剂类农药引起的中毒。

（5）依地酸钙二钠、二巯基丙磺酸钠、二巯基丁二酸钠和青霉胺等金属络合剂可用于治疗含铅、汞及砷等金属离子类农药引起的中毒。

虽然有些农药中毒可用解毒剂进行治疗，但解毒剂的使用量也要根据患者的中毒程度来决定，并不是用得越多越好。如阿托品治疗有机磷农药中毒时，若用量过多可导致阿托品中毒，使患者病情加重，甚至发生高烧、心肺功能衰竭、脑水肿而死亡。

26. 哪些农药是国家禁用和限用的?

《中华人民共和国食品安全法》规定：禁止将剧毒、高毒农药用于蔬菜、瓜果、茶叶和中药材等国家规定的农作物。目前禁止生产销售和使用的农药共有 41 种，限制使用的农药有 19 种。

禁止生产销售和使用的农药：六六六、滴滴涕、毒杀芬、二溴氯丙烷、杀虫脒、二溴乙烷、除草醚、艾氏剂、狄氏剂、汞制剂、砷类、铅类、敌枯双、氟乙酰胺、甘氟、毒鼠强、氟乙酸钠、毒鼠硅、甲胺磷、甲基对硫磷、对硫磷、久效磷、磷胺、苯线磷、地虫硫磷、甲基硫环磷、磷化钙、磷化镁、磷化锌、硫线磷、蝇毒磷、治螟磷、特丁硫磷、氯磺隆、福美胂、福美甲胂、胺苯磺隆单剂、甲磺隆单剂。另外百草枯水剂自 2016 年 7 月 1 日起禁止销售和使用，胺苯磺隆复配制剂、甲磺隆复配制剂自 2017 年 7 月 1 日起禁止销售和使用。

限制使用的农药及其禁止使用范围见下表。

限制使用的农药及禁止使用范围

中文通用名称	禁止使用的范围
甲拌磷、甲基异柳磷、内吸磷、克百威、涕灭威、灭线磷、硫环磷、氯唑磷	蔬菜、果树、茶树、中草药材
水胺硫磷	柑橘树
灭多威	柑橘树、苹果树、茶树、十字花科蔬菜
硫丹	苹果树、茶树
溴甲烷	草莓、黄瓜
氧乐果	甘蓝、柑橘树
三氯杀螨醇、氰戊菊酯	茶树
丁酰肼（比久）	花生
氟虫腈	除卫生用、玉米等部分旱田种子包衣剂外的其他用途
毒死蜱、三唑磷	自 2016 年 12 月 31 日起，禁止在蔬菜上使用

第三章

农业机械伤害

27. 什么是农机安全？

农业机械是指在作物种植业和畜牧业生产过程中，以及农、畜产品初加工和处理过程中所使用的各种机械。农业机械包括农用动力机械、农田建设机械、土壤耕作机械、种植和施肥机械、植物保护机械、农田排灌机械、作物收获机械、农产品加工机械、畜牧业机械和农业运输机械等。

农机安全是指从人的需求出发，在操作者使用机械的全过程中，达到使人的身心免受外界因素危害的存在状态和保障条件。简单来讲，就是农机设备本身应当符合安全要求，并且设备操作者在操作时应该符合安全要求。

28. 常见的农业机械伤害有哪些？

（1）挤压

当机械两部件相对运动时，便存在挤压危险。当操作者或他

人的手指等人体部位不慎进入挤压点时，便会造成挤压伤害。

（2）咬入

典型的咬入点（也可叫挤压点）是啮合的明齿轮、皮带与皮带轮、链与链轮，或两个相反方向转动的轧辊。一般是两个运动部件直接接触，将人的四肢卷进运转中的咬入点。

小贴士：

内蒙古自治区扎兰屯县农民张某，2009 年 11 月 12 日购买一台多功能铡揉粉碎机。在购回第 3 天进行铡草作业时，机器的排料风筒开焊，连同出料斗一起脱落，张某便自己焊接了一段风筒。在之后的一次铡草作业时，由于随机器配备的隔板不配套，导致草料不仅从排草口排出，还从焊接的风筒处排出，张某在用塑料布封堵从风筒处排出的草时，其右手连同塑料布一起被卷入铡掉。

（3）碰撞和撞击

这种伤害有两种主要形式，一种是比较重的往复运动部件撞人，另一种是飞来物或落下物的撞击造成的伤害。飞来物主要指高速旋转的零部件、工具、工件、紧固件固定不牢或松脱时，会以高速甩出，如撞击人体，能给人造成严重的伤害。高速飞出的切屑也能使人受到伤害。

（4）夹断

当人体伸入两个接触部件中间时，人的肢体可能被夹断。夹断与挤压不同，夹断发生在两个部件的直接接触，挤压不一定完全接触。夹断的两个部件不一定是刀刃。其中一个是运动部件或两个都是运动部件都能造成夹断伤害。

（5）剪切

两个具有锐利边刃的部件，在一个或两个部件运动时，能产生剪刀作用。当两者靠近而人的四肢伸入时，刀刃能将肢体切断。

（6）割伤和擦伤

这种伤害可以发生在运动机械和静止设备上。当静止设备上有尖角或锐边，而人体与该设备作相对运动时，能被尖角或锐边割伤。当然有尖角、锐边的部件转动时，对人造成的伤害更大，如人体接触旋转刀具、锯片，都会造成严重的割伤。高速旋转的粗糙面如砂轮能使人擦伤。

（7）卡住或缠住

具有卡住作用的部位是指静止设备表面或运动部件上的尖角

或凸出物。这些凸出物能绊住、缠住人宽松的衣服，甚至皮肤。当卡住后，又引向另一种危险，特别是运动部件上的凸出物、皮带接头、车床的转轴、加工件都能将人的手套、衣袖、头发、辫子甚至工作服口袋中擦机器用的绵纱缠住而给人造成严重伤害。

29. 机械伤害发生的原因有哪些?

（1）机械的不安全状态

①防护、保险、信号等装置缺乏或有缺陷。

②设备、设施、工具、附件有缺陷。

③个人防护用品、用具如防护服、手套、护目镜及面罩、呼吸器官护具、安全带、安全帽、安全鞋等缺少或有缺陷。

④生产场地环境不良，如通风不良、照明光线不良、作业场地杂乱、作业场所狭窄等。

⑤地面滑；地面有油或其他液体；有冰雪；地面有易滑物如圆柱形管子、料头、滚珠等。

⑥交通线路的配置不安全。

⑦贮存方法不安全，堆放过高、不稳。

（2）操作者的不安全行为

①操作错误，忽视安全，忽视警告。包括未经许可开动、

关停、移动机器；开动、关停机器时未给信号；开关未锁紧，造成意外转动；忘记关闭设备；忽视警告标志、警告信号，操作错误（如按错按钮；阀门、搬手或把柄的操作方向相反）；供料或送料速度过快，机械超速运转；冲压机作业时手伸进冲模；违章驾驶机动车；工件刀具紧固不牢；用压缩空气吹铁屑等。

②使用不安全设备。临时使用不牢固的设施如工作梯、使用无安全装置的设备、临时拉线不符合安全要求等。

③机械运转时加油、修理、检查、调整、焊接或清扫。

④造成安全装置失效。如拆除了安全装置，安全装置失去作用。

⑤用手代替工具操作。用手代替手动工具；用手清理切屑；不用夹具固定，用手拿工件进行机械加工等。

⑥攀、坐危险位置（如平台护栏、吊车吊钩等）。

⑦物体（成品、半成品、材料、工具、切屑和生产用品等）存放不当。

⑧穿戴不安全装束。如在有旋转零部件的设备旁作业时穿着过于肥大、宽松的服装；操纵带有旋转零部件的设备时戴手套；穿高跟鞋、凉鞋或拖鞋进入车间等。

⑨必须使用个人防护用品、用具的作业或场合中，忽视其使用，如未戴各种个人防护用品。

⑩无意或为排除故障而靠近危险部位，如在无防护罩的两个相对运动零部件之间清理卡住物时，可能造成挤伤、夹断、切断、压碎或人的肢体被卷进而造成严重的伤害。

30. 农业机械使用过程中有哪些安全常识?

（1）注意排气危害。发动机排出的气体有毒，在屋内运转时，应及时进行换气，打开门窗，使室外空气能充分进入。

（2）防止高压喷油侵入皮肤造成危险。禁止用手或身体接触高压喷油，可使用厚纸板检查燃油喷射管和液压油是否泄漏。一旦高压油侵入皮肤，立即找医生处理，否则可能会导致皮肤坏死。

（3）运转后的发动机和散热器中的冷却水或蒸汽接触到皮肤会造成烫伤，应在发动机停止工作至少 30 分钟后再接近。

（4）运转中的发动机机油、液压油、油管和其他零件会产生高温，残压可能使高压油喷出，使高温的塞子、螺丝飞起造成烫伤，所以，必须确认温度充分下降，没有残压后再进行检查。

（5）发动机、消音器和排气管会因机器的运转产生高温，机器运转中或刚停机后不能马上接触；注意蓄电池的使用，防止造成伤害。

（6）在使用农业机械之前，必须认真阅读柴油机和农业机械使用说明书，牢记正确的操作方法。

（7）充分理解警告标签，经常保持标签整洁，如有破损、遗失，必须重新订购并粘贴。

（8）农业机械使用人员必须经过专业培训，取得驾驶操作证后，方可使用农业机械。

（9）严禁身体不适、疲劳、酒后、孕妇、色盲、精神不正常及未满 18 岁的人员操作机械。

（10）驾驶员、农机操作者应穿着符合劳动保护要求的服装，禁止穿凉鞋、拖鞋，禁止穿宽松或袖口不能扣上的衣服，以免被旋转部件缠绕，造成伤害。

（11）除驾驶员外严禁搭乘他人，座位必须固定牢靠。农机具上严禁坐人。

（12）在作业、检查和维修时不要让儿童靠近机器。

（13）不得擅自改装农业机械，以免导致机器性能降低、机器损坏或造成人身伤害。

（14）不得随意调整液压系统安全阀的开启压力。

（15）农业机械不得超载、超负荷使用，以免机件过载，造成损坏。

31. 农业机械行驶过程中有哪些安全常识?

（1）坡道行驶须减速慢行。

（2）不要在前、后、左、右超过 10 度的倾斜地面上行驶。

（3）在坡地和倾斜地面上不能转弯。

（4）农业机械在坡上起步时不松开制动器，先踩下离合器踏板，挂入低挡，再缓慢接合离合器，待开始传动后再放松制动器，同时注意油门的配合控制。

（5）农业机械出入机库，上下坡，过桥梁、城镇、村庄、涵洞、渡口、弯道及狭窄地段时，要低速行驶。事先了解桥梁的负荷限度、涵洞的高度及宽度、坡度的大小及渡船的限重等事项，确保安全后才能通过。

（6）避免在沟、穴、堤坝等附近的较脆弱路面上行驶，农业机械的重量可能导致路面塌陷。

（7）农业机械通过铁路时，事先要左右察看，确定无火车通行时再通过。

（8）农业机械行驶到铁路上要注意操作，防止熄火。

（9）在平滑路面上，操纵和制动力受到轮胎附着力的限制，在潮湿路面上，前轮会产生滑动，农业机械转向性能变差，应特别注意。

（10）夜间行驶时，须打开照明灯，同时须关闭其他作业指示灯；在农业机械行进过程中，不得上下农业机械。

32. 农业机械配套农机具及田间作业时有哪些安全常识？

（1）农机具功率应与农业机械相匹配，使农业机械不能超负荷工作。

（2）农业机械田间作业前，驾驶员应先了解作业区的地形、土质和田块大小，查明并填平不用的肥料坑、老河道、水池、水沟等并做好标记，以防农业机械陷车。

（3）作业时，操作人员不得离开机车，严禁其他人员靠近，操作人员工作时应戴安全帽。

（4）当农业机械倒车与农机具挂接时，农业机械和农机具之间严禁站人。

（5）农机具与农业机械动力输出轴连接时，应在传动轴处加防护罩。

（6）当动力输出轴转动时，农业机械不能急转弯，也不可将农机具提升过高。

（7）在犁、旋、耙、耕等作业中，对动力连接部位、传动装置、防护设施等应随时进行安全检查。

（8）农业机械装配悬挂农机具进行长距离行驶时，应使用锁紧手柄将农机具锁住，防止行驶中分配器的操纵手柄被碰动，导致农机具突然降落造成事故。

33. 柴油机发生“飞车”现象应该怎么办？

“飞车”是指柴油机不受控制的急速运转。如果柴油机启动后发生“飞车”现象，应当迅速果断地采取以下制止措施：

（1）断油——拧松或者破坏高压油管，切断气缸燃油的供应。

（2）减压——扳下减压手柄，让部分气门一直打开，使气缸内的混合气无法压缩，破坏气缸内燃油燃烧的条件。

（3）断气——堵死进气管，切断燃烧室空气的来源。

（4）超载——将变速器挂最高挡位，快速放松离合器起步，利用超负荷迫使柴油机熄火。

做这些的目的都是尽快制止柴油机 “飞车”，与此同时要让无关人员远离事发柴油机，防止打碎的机器碎片高速飞出造成人身伤害。

34. 启动农业机械时如何预防人身伤害？

（1）首先要调整好发动机的喷油（或点火）提前角。防止因为喷油（或点火）时刻过早造成曲轴反转，这是预防启动发动机时发生人身伤害的关键技术措施。

（2）采用启动绳启动汽油机时，最好在绳子的一端绑扎一个短木棍作为手柄，不能将启动绳缠绕在手掌上，否则万一汽油机发生反转，启动绳又不能及时从曲轴飞轮的卡口上脱出，很可能将操作者的手臂卷进机器内，造成折断手指或手臂的严重事故。

（3）用手摇柄启动农用汽车时，应当采取正确的方法和操作姿势。有时发动机已经启动，但是手摇柄未能及时抽出而随着曲轴一起高速旋转，遇到这种危急情况，操作者不要惊慌失措，要让周围人员离开手摇柄的旋转平面，然后设法迅速关死油门，让发动机逐渐熄火，防止手摇柄高速甩出伤人。

（4）平时要注意检查曲轴上启动爪的卡口上是否有毛刺、磨损或者其他缺陷，如有应及时修整，以免手摇柄在摇车过程中滑脱伤人，或者妨碍手摇柄的正常退出。

（5）无论启动拖拉机还是启动农用汽车的发动机，务必使变速器挂空挡，拉紧驻车制动器。在斜坡上启动机动车，还应当用硬物塞住车轮。

（6）启动联合收割机等农机作业机组前，必须检查机器四周和传动带附近是否有人或者其他阻碍物品，严防工作人员的衣服或者发辫卷进机器内而造成人身重大伤害。

小贴士：

点火提前角

发动机（汽油机）工作时，点火时刻对发动机的工作性能有很大影响。提前点火就是活塞到达压缩上止点之前火花塞跳火，点燃燃烧室内的可燃混合气。从点火时刻起到活塞到达压缩上止点，这段时间内曲轴转过的角度称为点火提前角。

35. 农机维修过程中，哪些做法可能导致安全事故发生？

（1）吊挂重物的不安全操作。在维修拖拉机时，常见一些人用麻绳、尼龙绳、三脚带等吊卸发动机、变速箱，这是很不安全的。

正确的做法是：用结实的钢丝绳。三脚架也必须地脚稳固，用吊车悬吊时，重物下面始终不得有人通过或站立。

（2）支撑车辆的错误做法。当轮胎损坏或更换时，用砖头、

石块、木块或单独用一个千斤顶支撑，这样做是不安全的。

正确的做法是用千斤顶和结实木墩同时垫起车架。而且前后轮还要用三角木或较大石头卡死，防止车辆前后移动导致所用支撑物倒下伤人。要在坚实的平地上进行，以防倾倒伤人。

（3）轮胎充气的不安全操作。轮胎经拆装后重新充气，不加防护，使轮圈弹出伤人。

正确的做法是：充气前将轮胎、锁圈、挡圈和轮圈一起用锁链锁住；还可将挡圈一侧朝向地面或墙壁再充气，防止轮圈弹出伤人。

（4）焊接装油容器不洗净残油，有可能引起爆炸。

正确的做法是：焊接装油容器，事先必须洗净容器内的残油。

（5）修理制动器的错误操作。修理制动器时，手、脚制动器同时修理，车体不稳，易致车自行滚滑伤人。

正确的操作方法是：将手、脚制动器分开修理，以便互相制动保障安全。停放地点应坚实平坦，且前后轮双向用三角木卡牢，防止滑移。

（6）调试发动机的不安全做法。在调试机器时，人员接近风扇、传动带或排气管等危险部位易造成伤害，工具、零件等放在机器上也易摔落伤人或损坏机器。

正确的做法是：要求调试人员衣着要整齐利落，非调试人员要远离机器，调试时尽量停机，在机器下部调试必须熄火，需要着火调试的应派专人看守操纵机器，防止外人误动。调试后启动前要清点工具和零件，并发出信号。

（7）加水的不安全做法。在发动机高温特别是“开锅”的情况下，立即打开水箱盖，是很不安全的。

正确的做法是：应先把放水开关打开，待水压降低后再用毛巾等物包住水箱盖，并将身体和头脸偏向一边后再缓慢拧下。

（8）维修电气设备的不安全做法。在车上维修电气设备时，不卸下电池线便进行修理，易导致火线搭铁引起火花伤人；配制电解液时用金属容器，或稀释浓硫酸时将水倒入浓硫酸中也是错误的操作。

正确的做法是：在车上维修电器设备时，应先卸下电池线再修理；配制电解液时应采用陶瓷或玻璃容器，并将浓硫酸缓缓倒入水中，这一点须严格遵守。

36. 农用机械操作过程中，如何预防振动对身体的影响？

使用收割机、打稻机、驾驶拖拉机等农业机械时，可对人体产生局部振动、全身振动或同时存在两种振动，长期接触强烈振动可引起以四肢末端血管痉挛、上肢骨及骨关节骨质改变、周围神经末梢感觉障碍为主要表现的疾病，即振动病。

随着人们在劳动生产过程中接触振动的时间延长，振动病的表现就越明显。主要表现有手指麻木、发僵、疼痛、四肢无力、关节疼痛，手对寒冷的刺激很敏感，遇到寒冷时手指会出现发白现象，伴有手麻、手僵、手痛加重，常见于冷水洗手后，用温水浸泡双手可缓解上述症状。此外，还可有头痛、头晕、易疲劳、记忆力减退、耳鸣等，一部分患者下肢及脑部的小血管也会受到影响，引起腿痛、眩晕、头痛等现象。

预防振动病的措施有：①劳动者应提高对振动病的认识，加强自身防护意识，合理安排休息时间。②合理使用防护用品，劳动过程中要戴手套。③某些引起全身振动的劳动，应将振动较强的机器用软木等与地基隔离，减少振动的影响。④了解自己的身体状况，如患有中枢神经系统疾病、明显疲乏无力、 四肢末端血管痉挛、心绞痛、高血压病、消化系统溃疡、慢性肾炎、妇女月经不调等人员不宜参加接触振动的劳动。

37. 农用机械操作过程中，如何预防噪声对身体的影响？

噪声是指物体在不规则且无周期振动时所发出的声音。凡是讨厌的、不受欢迎的、烦躁的、不需要的声音都可称为噪声，如通风机、鼓风机等发出的空气动力性噪声，粉碎机、打稻机、打米机等产生的机械性噪声，发电机、变压器等产生的磁性噪声等。

噪声首先影响人体的听力，噪声环境会让人感到声音刺耳难受，离开噪声环境后耳朵还会嗡嗡作响，短时间内听不清说话声，如长期在噪声环境中劳动可导致噪声性耳聋。此外，噪声还会影响人体的植物神经系统，产生头痛、头昏、耳鸣、心慌、睡不好觉、全身乏力等，严重的会引起食欲不振、恶心、呕吐、血压升高、心电图不正常等。噪声还会影响劳动生产率，在噪声干扰下，人们会烦躁不安、容易疲劳、注意力不集中、反应迟钝，从而降低劳动质量，容易发生安全事故。

有效预防和控制噪声的措施有：①缩小和消灭噪声源。将发出噪声的机器尽可能的集中在一起，采用密闭形式，将机器集中在房间或一个小空间中，周围要用围墙隔开。②控制噪声传播。在噪声源与接触者之间设立绿化树带、防护树林、草地等屏障可以降低噪声。③个体防护。在噪声环境中劳动的人可佩戴耳塞、耳罩等防护工具，缺乏护耳器时也可临时使用棉花球塞住耳朵。

38. 农机产品缺陷伤人，如何维权索赔？

因农业机械产品的缺陷而造成人身伤害的情况在农村时有发生，出现这种情况后如何借助法律来维护自己的合法权利并求得合理的赔偿呢？

首先需指出，因产品存在缺陷造成人身伤害，一般仅限于公民的人身伤害。它包括：对公民的人身肉体伤害、疾病、死亡等。对受害人人身伤害的赔偿分为三种情况：对一般伤害的赔偿、对致人残疾的赔偿和对致人死亡的赔偿。因产品缺陷造成人身伤害，还应包括受害人的精神疾病，如精神分裂症等。

对人身一般伤害的赔偿。对受害人尚未造成残疾的，为一般伤害。其赔偿的范围包括：医疗费用（包括医药费＋护理费、营养费、交通费等必要费用）和因误工减少的收入（指受伤者不能上班劳动所减少的收入）。个体经营者，按当地同等劳动力平均收入计算。误工的日期，应按照医院出具的证明或者法医的鉴定确定。

对致人残疾的赔偿。致人残疾是指受害人不能恢复健康，部分或全部丧失劳动能力。其赔偿范围，除上述医疗费用和“误工减少的收入”等，还要赔偿残疾者生活辅助器具费等生活补助费，按其丧失劳动能力的程度结合收入减少情况酌情确定。

对致人死亡的赔偿。造成受害人死亡的，如果受害人死亡之前经过医疗抢救的，除赔偿医疗费用和因误工减少的收入等，还应赔偿丧葬费、抚恤费、死者生前抚养人必要的生活费等费用；如果没有经过医疗抢救，没有减少误工收入的，只需赔偿丧葬费、抚恤费、死者生前抚养人的必要生活费等。死者生前抚养人的必要生活费应按照当地保障基本生活水平所需的平均费用计算。

农机消费者遇到农机产品伤人时，应先找生产厂家，按照《产品质量法》《消费者权益消费保障法》的相关条款进行协商。协商不成时，再向消协或农机投诉站投诉。

消费者投诉时应向县消协或农机投诉站提供以下材料和证据：①投诉信；②购货发票，这是消费者提供的最主要的一种证据；③售后服务凭据，主要是指购货卡、服务卡、维修卡和保修卡；④合同或协议；⑤鉴定报告，鉴定部门必须是国家授权和认可的部门（技术监督、农机等有关部门）出具的鉴定结论；⑥其他一些附属证据（产品说明书、承诺书等）可以说明一些问题、协助解决纠纷的材料。如果调解不成，可向有关部门申诉或向人民法院提起诉讼。

第四章

农业生产劳动过程中的慢性损伤

39. 什么是“农民肺”？

“农民肺”是农民或其他劳动群众在作业环境中接触发霉的稻草或稻谷，吸入含有嗜热放线菌的有机粉尘所引起的外源性变应性肺泡炎，可以在肺内形成巨噬细胞性肉芽肿和肺间质纤维化。本病在世界各地分布较广，有些国家和地区将其列为职业性疾病。

传统上农民肺可分为急性、亚急性和慢性三型。亚急性型多为急性延迟发展而来，症状较重易于误诊。但由于难以界定其时间和临床表现且很少见，一般不必列入常规分型。

（1）急性型：吸入大量的嗜热放线菌孢子后 4 ~ 8 小时内发病，起病急骤，畏寒高热、汗多、全身不适、食欲不振、恶心、头痛、胸闷、气短、干咳或少量黏液痰，此时极易被诊断为“感冒”。大约有 10% 的患者可出现哮喘样发作，皮肤瘙痒和黏膜水肿等（速发型）变态反应症状，体检时可见呼吸急促，甚至缺氧，双下肺可能闻及少量湿啰音和捻发音，偶闻哮鸣音，心率加快等。

（2）慢性型：反复接触大量抗原者，病情长期不愈，临床可见咳嗽、咳痰、呼吸困难、缺氧、发绀、极度乏力，继发感染者可发热、多汗，此时极易误诊为“慢性支气管炎”，体检可有肺间质纤维化体征或两肺散在湿啰音。

40.“农民肺”发生后应该如何治疗？

脱离接触抗原的环境是最根本的治疗，特别是初次急性发作者大多能自我愈合。1～7天病情明显好转，1～4周症状消失，胸片上病灶吸收，肺功能恢复正常。

但为了防止以后发生肺间质纤维化，或病情严重如呼吸困难甚至哮喘样发作，可使用肾上腺糖皮质激素（以下简称激素）以抑制免疫反应，减轻炎症，促进吸收，一般以泼尼松（龙）为例，可先试用口服激素，如病情有明显改善，病灶有所吸收，可适当延长用药时间，逐渐减量停服。如并发呼吸衰竭或肺心病，应给予相应的治疗。

大多数急性型农民肺患者脱离抗原后可康复，但也有第一次严重发病而致死的报道。反复发作、病变广泛、农民肺并发呼吸衰竭或肺心病者死亡率可达10%左右，如能早期诊断，合理治疗和预防，则预后良好。

41. 如何预防“农民肺”的发生？

避免接触嗜热放线菌是预防的根本措施。反复发作农民肺的患者应转换职业，离开发病环境。如仅发病 1 ~ 2 次后未再发病，则可在采取一些预防措施后仍从事原来的工作。

如何预防“农民肺”的发生

1. 在秋收时节，收回的粮草要晒干，防止雨淋，贮藏室要选择地势高、干燥通风的地方

2. 改善作业条件，降低粉尘浓度。对机房要施行吸尘或含湿作业，机口出料间应密闭，以防粉尘飞扬

3. 做好个人防护

4. 喂牲口时，要把饲料、饲草喷湿饲喂；堆放、翻晒粮草、饲草、柴禾时，操作者要戴双层防尘口罩

5. 房屋内不要堆放藏有霉菌的柴草或禾草，不要用野草、稻草、谷草铺床

（1）在秋收时节，收回的粮草要晒干，防止雨淋，贮藏时要选择地势高、干燥通风的地方。

（2）改善作业条件，降低粉尘浓度。对机房要施行吸尘或含湿作业，机口出料间应密闭，以防粉尘飞扬。对漏气的管道、布袋要及时检查修补。有条件的应安装旋风式集尘器或布袋滤尘器。

（3）做好个人防护。脱粒、扬粮或粮米加工时，要站在上风处操作，要戴双层防尘口罩。

（4）喂牲口时，要把饲料、饲草喷湿饲喂。堆放、翻晒粮草、饲草、柴禾时，操作者要戴双层防尘口罩。

（5）房屋内不要堆放藏有霉菌的柴草或禾草，不要用野草、稻草、谷草铺床。

42. 什么是“大棚肺”？

“大棚肺”属于大棚作业农民肺的范畴，在开展大棚种植蔬菜、草莓、菌类、花卉等农作物及饲养家禽、家畜的地区发病率较高。

长期在温度高、湿度大、空气流通性差、土壤中菌落密度较高的蔬菜大棚、花卉大棚、蘑菇房、鸡鸭舍等塑料大棚内劳作的人，可出现咳嗽、气短、呼吸困难、头痛、恶心、呕吐、全身乏力、食欲不振、关节疼痛、皮肤瘙痒等症状。如不及时诊治，病情进一步发展可导致过敏性肺泡炎、哮喘、喘息性支气管炎、慢性阻塞性肺疾病、关节炎、风湿病、皮肤病等；严重者可以出现肺功能损害、关节畸型、慢性皮肤疾病等。“大棚肺”预后差、致残率高，成为影响从事大棚作业的农民生活质量及社会经济负担的重要因素。

大棚肺最有效的预防方式是避免接触致病因素，建议入棚要戴口罩；进棚一段时间后要到户外通风处休息一会儿；喷洒农药后，4 小时内不要进棚。同时，要加高棚高，适当进行棚内通风。

小贴士：

2009 年 6 月，43 岁的农民刘某，因多年在当地未能治愈“老慢气”，而到沈阳就医。

“这并不是老慢气，而是大棚肺。”经过 3 年多对此类疾病的研究，中国医科大学附属第四医院呼吸科主任王笑歌诊断。

刘某这才明白，从 2004 年开始，家中的 160 平方米的蔬菜大棚，除每年使这个五口之家的收入翻倍增加之外，还侵蚀了她的肺。

“看大棚肺的病人很多，但许多医院和医生甚至还认识不到这个病。”王笑歌说。从 2006 年开始，她在临床中常遇到像刘某这样的农村患者，来看病时症状就是咳嗽、喘、黏丝痰，与“老慢气”、喘息性支气管炎等症状极为相似。可是应用相应药物却收效甚微。在与同行专家们讨论时，王笑歌了解到，这是一种新型的呼吸系统疾病，病人均出自农村大棚种植人口。

（摘自《沈阳日报》，2009-7-3）

43. 什么是肌肉骨骼损伤？

肌肉骨骼损伤是指影响肌肉、骨骼、神经、肌腱、韧带、关节、软骨和椎间盘的损伤或功能障碍，并且这种损伤并不是因滑倒或跌落等类似急性事故引起的。症状轻者会有不舒适或轻微疼痛等感觉，而症状严重者常常无法工作，需借助药物或特殊工具训练，且治疗效果不佳。

农业作业中身体各部位的肌肉骨骼损伤均有发生，以腰部发生率最高，其次，膝关节、颈部、肩部、上背部、手/腕、肘、踝/足、臀/大腿等部位的疼痛和损伤均很常见。

小贴士：

王某是余杭人。1976 年，作为生产大队长，他带头去学手扶拖拉机耕田的技术，每天泡在水田里 10 多个小时。一天耕完田回家，他感觉脚底板隐隐作痛，几天后，疼痛感越来越剧烈，可又找不到受伤的痕迹。吃了点止痛药后，他照常下地干活。

1991 年，王某再次发病。全身关节都痛，因炎症高烧不退，牙龈都肿得厉害。白天还跟邻居有说有笑，半夜醒来觉得浑身酸痛，到了第二天一早，居然就躺在床上不能动弹。2009 年，王某第 3 次发病，他的类风湿关节炎到了晚期。在病房里，他四脚朝天躺着，几乎没办法动弹。双膝关节严重外翻，圈成了一个巨大的形，十指也弯曲变形。

医生说，只能通过药物来缓解王某的疼痛并控制炎症，但王某能重新站起来的可能性很小。

（摘自《今日日报》）

44. 人体的肌肉骨骼系统是怎样构成的？

人体的肌肉骨骼系统包括骨、关节、韧带和肌肉，它们各自都有各自的作用，相互协同使人体完成应有的动作。肌肉并不直接施力于物体或者外界，而是附着于骨骼上，通过对骨骼的牵拉推动使人体完成动作模式。

人体有 206 块骨头，根据其存在的部位，可以分为中轴骨和附肢骨两部分，中轴骨包括颅骨和躯干骨，共有 80 块，附肢骨包括上肢骨和下肢骨，共有 126 块，它们具有支架、保护、杠杆、造血的作用以及存储钙、磷的作用。

骨与骨之间的连接被称为关节，分为纤维关节（颅骨骨缝之间的连接，没有明显的活动度）、软骨关节（椎间盘，有少许的活动度）、滑动关节（肘关节和膝关节，有相当大的活动度）。运动的训练活动主要依赖于滑动关节，它的摩擦力较小并且活动范围也较大。

在各个骨骼和关节上附着的就是骨骼肌了，人体全身共有骨骼肌约数百块，呈对称分布，男性成年人的骨骼肌约占人体体重的 40%，女性占 35%。每块肌肉由肌腹、肌腱、血管和神经构成。肌腹为肌肉中部的肌性部分，主要由肌纤维构成，具有一定的收缩与舒张功能，肌腱为肌肉两端的键性部分，由粗大而排列紧密的胶原纤维构成，它没有收缩功能，但是有很强的抗张力性能。肌肉中含有丰富的毛细血管，在安静时，肌肉的毛细血管并不全部开放，当激烈运动时，肌肉中的毛细血管才有可能全部开放。肌肉中的神经有躯体运动神经、躯体感受神经和内脏运动神经，运动神经可以支配骨骼肌的运动。

肌肉会以不同的形式附着于骨骼上，肌肉近端附着一般是肌肉附着法固定于骨骼，肌纤维直接附着于骨骼，通常面积较大，故肌肉力量分散而不集中；而纤维附着法，如肌腱是融入连接肌鞘和骨骼周围的结缔组织附着于骨骼，将额外的纤维延伸进入骨骼形成稳定的连接。

当我们深刻了解身体是如何产生动作及动作产生时骨骼肌肉所承受的应力之后，我们才能更好地预防肌肉骨骼疾患的产生。

45. 肌肉骨骼损伤发生的原因是什么？

过重的外部劳动负荷、静态负荷、反复性操作、不良工作体位、振动、潮湿阴冷等是诱发肌肉骨骼损伤发生的主要职业性因素。

（1）过重的外部劳动负荷，如搬举重物、携带物品、拧紧螺丝等，需要克服一定的阻力，往往使身体躯干处于不舒服的状态，容易造成肌肉、骨骼、韧带损伤。高度用力、手工处理重物的行业发生肌肉骨骼损伤的风险较高，搬举重物是肌肉骨骼损伤

1. 过重的外部劳动负荷

2. 持久的静态负荷

3. 重复性作业

肌肉骨骼损伤发生的原因

4. 不良工作体位

5. 长期驾驶机动车

6. 潮湿阴冷

的重要危险因素之一。高强度的机械负荷增加了肌肉、肌腱承受的压力，导致疲劳或损伤的产生。

（2）静态负荷是指作业人员在作业过程中较长时间或较高频率地处于某一种姿势，作业者为了保持该姿势需克服自身某些部位的重力所承受的负荷。持久的静态负荷很容易导致受力部位血液循环障碍、代谢产物清除不利和肌肉疲劳，久之则容易造成肌肉骨骼损伤。

（3）重复性作业。随着生产自动化水平提高，许多行业已建成先进的流水线作业，使作业变成一种单调的快速重复动作，容易使机体处于疲劳状态而得不到恢复。研究发现，手部的重复性活动会显著增加上肢肌肉骨骼损伤的发病风险。反复性操作也是膝盖和足部发生肌肉损伤的主要危险因素。

（4）不良工作体位又称强迫体位，指某些工种需劳动者经常处于特殊的非自然体位，机体许多肌肉处于静态紧张状态，肌肉血液循环会因这种静态用力的大小而不同程度地受阻，容易导致肌肉疲劳甚至损伤。如工作时手臂长时间处于肩部或肩部以上水平，则患肌肉骨骼损伤的可能性大大增加。

（5）振动影响肌肉和血管的营养供应，不利于肌肉疲劳的恢复。长期驾驶机动车能增加下背痛的发病率，原因可能是司机工作时全身振动协同姿势紧张对椎间盘的营养供应及邻近软组织产生了不良影响。

（6）潮湿阴冷也是导致肌肉骨骼损伤的重要原因。

46. 温室大棚作业的农民为什么更容易患肌肉骨骼损伤?

温室大棚蔬菜作业，由于空间的局限性，无法实行大面积的机械化作业，劳动量多，“从早到晚、四季不闲”是蔬菜大棚劳动的常态。

蔬菜大棚劳动，尤其是蔬菜成熟期，高强度、长时间的重体力作业对作业者肌肉骨骼系统损害严重。另外，蔬菜大棚内高温、高湿的微小气候及受限的作业空间，也会使菜农关节损伤情况加重。大棚内使用无机肥对菜农骨关节痛的影响也很大，可能的原因是由于大棚的相对密闭环境，致使棚内空气中的肥料化学物质浓度异常增高，化学物质通过皮肤渗透到骨关节里，累积到一定程度会对骨关节有刺激作用。

此外，长期在温室大棚内劳作的菜农常感到头晕、疲惫等，可能与高温环境下循环系统处于应激状态且心功能易受损有关。这提示应积极改善蔬菜大棚体力消耗大、作业量多的作业形式，以促进作业者的健康。

47. 干农活儿时，应该如何预防腰背痛的发生？

（1）加强锻炼，提高身体素质。加强体育锻炼能使肌肉、韧带、关节囊经常处于健康和发育良好的状态。肌力强、韧带弹性大者，发生劳损的机会少。应有目的地加强腰背肌肉的锻炼，如做一些前屈、后伸、左右腰部侧弯、回旋以及仰卧、起坐的动作，使腰部肌肉发达有力、韧带坚强、关节灵活。肥胖者应减肥，以减轻腰部的负担。

（2）要注意自我调节，劳逸结合。避免长时间从事同一个动作的劳动，弯腰有困难时，不要强制弯腰劳动，如站久了可以蹲一蹲，蹲下不仅使腰腿肌肉得到放松休息，而且也减少了体能的消耗。慢性病、营养不良或肥胖者，要注意休息，加强治疗。病后初愈、妊娠期、分娩后、月经期应注意休息，避免过劳。急性腰扭伤患者应彻底治疗。

（3）劳动中注意体位。避免在不良的体位下劳动时间过长，改善体力劳动条件，单一劳动姿势者应坚持工间锻炼，或采用围腰保护腰部。注意技术革新、改进操作方法。注意劳动中的各种姿势，如从地上提取重物时，应屈膝下蹲，避免弯腰加重负担；拿重物时，身体尽可能靠近物体，并使其贴近腹部，两腿微微下蹲。向高处取放东西时，够不着的不宜勉强。同时，避免潮湿和受寒也很重要。

48. 目前有哪些先进的设计或工具能有效地减轻农业劳动强度？

（1）改变作业环境的工具

可通过改变作业环境或提供可适应不同工作场所的工具来消除或减轻不良姿势的影响。比如，可升高农作物（如草莓）生长的苗床，来减轻弯腰、下蹲等不良姿势，这样草莓采摘员就可以以舒服的姿势进行采摘。苗圃和温室里也可灵活使用这种方式。

另一个例子是适于温室种植的分层式旋转传送带，它可增加温室的种植面积，同时可按农民的需要调节高度。

（2）避免长时间弯腰除草的工具

长时间弯腰除草会带来背部的不适。一种解决方式是使用长把手的除草工具，把手长度大概在手腕的高度。不过，仍要考虑使用时背部发生的弯曲。

另一种解决方式，如图1。锄头的末端是刀片，手持左右把手，可以减轻背部的弯曲，并且把把手调节到适合的高度，可以使身体保持直立或略微前倾，达到更好的除草效果。此工具的好处是通过简单升高或降低把手的高度即可改变锄头除草的角度，以此适应土壤的类型以及杂草生长的密度。

更先进的设计是在锄头末端分别装上两个单独的小型刀片，用来除去两旁狭窄的杂草。

图1　新型长臂除草工具

（3）替代徒手搬运苗床的工具

在温室环境里种植农作物和收获农产品时，产生的疲劳主要与搬运农产品及长期以高难度姿势劳动有关，且在温度较高的室内劳动消耗的体力比室外劳动多。温室中工人徒手搬运苗床时必须反复弯腰、下蹲，然后起立，这会引起很多不适，长此以往会引起肌肉损伤。

美国加州大学农业工效学研究中心已经成功地开发出可调节把手，在搬运盆栽植物时使用可减少弯腰和下蹲的次数，如图2左图。这种把手可极大减少脊柱的弯曲，减轻手臂的用力，并且能保持良好的生产效率，也不会增加能量消耗。

对于体积小的花盆，一种搬运装置可同时搬运多个花盆，如图2中图，这样可明显减轻工作负荷并提高工作效率。

对于过重的花盆，可使用双轮手推车（见图3右图）。杠杆的作用可减少搬运过重花盆时的体力消耗，杠杆的长度也可保证工人保持直立的姿势运送货物，该工具的轮子有助于远距离搬运货物。

图2　温室作业可调节工具

（4）替代徒手搬运重物的工具

农业劳动尤其是温室作业时，最常见的劳作是搬运成箱的蔬菜。徒手搬运重物会消耗大量的体力，并需要反复弯腰、下蹲、直立，而且一次最多搬运两三件物体，如图 3 左图。

使用手推直板车可一次搬运大量货物，这样可大大减轻工作负担，减少肌肉骨骼疾患的发生及提高生产效率，如图 3 中图。

但使用此工具时，为保持手推直板车的平衡，上身仍需要保持较大的张力，设计 3 个轮子的手推车可解决此问题，如图 3 右图。

图 3 手推直板车

（5）代替手工枝条修剪的工具

在果园栽培中，最棘手的作业就是进行大量的手工枝条修剪，如修剪树木时，会引起手腕部重复性肌肉劳损。

新开发的旋转把手修枝剪，一个把手可在将两个把手握紧时旋转，如图 4。这样可以减轻手掌和手指受到的压力。另一种是应用回位弹簧，在每次修剪后，可使剪刀把手恢复原始位置。但是，这仍需要手指反复运动，这样容易引起手部肌肉骨骼劳损。这时可采用由切割器和电源组成的便携式电动剪切设备，如电动修剪钳。它不仅可以减轻手工劳作带来的肌肉骨骼损伤，还可提高劳动效率，如图 5。

图 4　可旋转式修剪钳

图 5　电动修剪钳

（6）温室蔬菜运输的工具

对于工作环境很难改变的情况，就要提供机械保护来减轻劳动负荷，减少不良工作姿势或提供物理支撑等。

例如，在温室中使用拖车。一年内蔬菜收获不止一次，这需要大量的人工劳动。传统的劳动模式给农民身体带来很多损伤，在现代温室里，保暖管道使用广泛，它可作为拖车的轨道用于蔬菜的传送，如图 6 左图。

更先进的设计是在推车上安装一个传感器，当小腿靠近拖车时，拖车就可以自动前进 50 厘米，这样就不用推着拖车走。对于较低位置的作业，可使用类似的坐位拖车，这样可避免弯腰、跪地的劳作姿势，如图 6 中图，但这会增加脊柱的侧弯。

新开发的带旋转座椅的坐式小推车可以解决这一问题，其座位可按人体特点设计为波浪型的，也可以增加软垫，来提高其舒适度。老式温室可能没有保温系统，这种情况下可使用可移动的板车帮助蔬菜的运输，如图 6 右图。

图 6 温室蔬菜采摘车

（7）室外避免长时间弯腰的工具

在室外劳作时，也可以采用相关助力机械来避免长时间的弯腰，如坐式工作车、俯卧式工作车。

坐式工作车可大大减少农民劳作中弯腰和下蹲的次数，并且可以装载重物，见图 7，但是仍然无法避免背部的弯曲。因此俯卧式工作车发展迅速，因为此工具使农民几乎不需要弯曲身体。

图 7 坐式工作车

俯卧式工作车可采用人工动力（如图8左图）和机械动力（如图8中），也可以是拖拉机牵引的多人工作平台式（图8右图），这样可极大地提高劳动生产率。虽然有很多种辅助机械，但仍需要考虑一些问题，如工作时身体是否完全水平、胳膊和腿部弯曲的角度多少最合适、合适的工作方向（脚在前还是头在前）以及如何减少身体的振动等。

图8　俯卧式工作车

（8）减轻腰背痛的工具

一种减轻农民背部肌肉损伤的装置是负荷转移装置，它可把上半身的负荷转移到臀部和下肢，这样就可以减轻腰部的负荷。该装置主要由四部分组成：连接在腿上的弯曲金属条、背带以及连接背带和金属条的支架和弹簧，如图9所示。与身体接触的部位都会有物理填充，弹簧可缓冲身体弯曲时腿部承受的张力，其设计简单、穿戴方便、满意度高。

图 9　负荷转移装置

另一种负荷转移装置是 GRIP 系统（图 10）。该装置主要适于双人搬运劳作，可通过皮带将手上的负荷传递到肩部和腿部，这样可以减少身体前倾时背部的弯曲。经实验室评价发现，使用 GRIP 系统搬运货物，可减少弯腰工作时脊柱的弯曲，减少背部肌肉的损伤，在农业生产中具有很大的使用空间。

图 10　GRIP 系统

（9）电动卷帘机

为使温室大棚保温，大棚作业人员需要每天晚上放下保温草帘，早晨再把保温草帘卷起，这需要大量的高强度体力，长期操作可使农民的背部、肩部、前臂及手部发生严重的肌肉骨骼损伤。电动卷帘机的使用解决了人工卷帘的问题，并且极大提高了工作效率，明显减轻了农民工作负荷，见图 11。

图 11　电动卷帘机

49. 如何预防“烂手烂脚”的发生?

农业性皮肤病是在农业劳动生产过程中，接触农业有害因素引起的皮肤病，如稻田皮炎、麦芒皮炎、农药皮炎、钩虫皮炎、蛔虫皮炎、谷痒症等。

稻农皮炎，俗称“烂手烂脚”，春末夏季为高发季节，主要见于我国南方大面积种植水稻的地区，以参加水田劳动的农民为主要易患人群。发病原因主要包括长期浸水、机械性摩擦、田水温度高、空气湿度大等。长期浸水是发病的主要原因。皮肤长期浸水后角质层松软，屏障作用降低，导致水分进入表皮引起局部表皮肿胀、浸渍。机械性摩擦使浸渍的表皮不能耐受，引起角质层或表皮的部分剥脱，局部发生糜烂。田水温度高会使皮肤浅层毛细血管扩张，加重皮损处水肿和渗出。空气湿度大，皮肤不容易干燥，也可促发或加重本病。

“烂手烂脚”病的预防以完善农业机械化为根本措施。应尽量缩短连续浸水时间及加强个人防护，下田前在浸水部位涂一层保护剂（如凡士林），收工后可用 12.5% 明矾加适当食盐水浸泡 15 ~ 20 分钟，也可将皮肤洗净、拭干后，外用干燥性粉剂（枯矾 10%、氧化锌 20%、滑石粉 70% 混合研细）。

第五章

农村道路交通伤害

50. 农村交通事故有哪些特点？

近些年来，农村的基础设施有了很大改善，“村村通”公路在我国绝大多数省市已经实现，车辆和驾驶人的数量也迅速增长。道路交通的发展给农村居民的生产生活带来了便利，也促进了农村经济的发展和城乡一体化进程。但随之而来的是道路交通安全问题，公安部交管局的数据显示，发生在农村道路上的事故逐年上升，比例已占我国年交通事故总量的将近一半。

农村交通事故的特点有：

（1）群死群伤的重特大事故多发。在农村地区农用车、拖拉机非法载人和客车超载现象普遍，经常十几人甚至二三十人共搭一车，由于驾驶人安全意识差，农村道路交通环境复杂、车况不佳、紧急救援系统落后、医疗条件有限等原因，容易造成群死群伤的重特大事故。

（2）以农用车和摩托车为主要车辆的事故。这两种车型在农村地区较为常见，农村客源分散，运价低导致客运效益差，很多农村居民以农用车、拖拉机代步，而摩托车车速快且不稳定，所以农用车和摩托车更多发生交通事故。

（3）中小学生是突出的受害群体。随着一些乡村的学校合并之后，很多学生上学路途遥远，日常需要搭乘客车或农用车、拖拉机，而客车经常超员，加上一些乡村学校交通安全教育落后，学生在马路上嬉戏、打闹，随意穿越车行道等现象较为常见，容易引发重大事故。

（4）事故善后困难。由于农村地区道路监控设备较少、当事人缺乏保护事故现场的意识，对于很多发生在农村地区的事故，公安机关不能明确划分事故责任，造成扯皮；农村地区经济不发达，驾驶员投保意识差，事故发生后，当事人赔偿能力往往有限，即使投保，由于农村地区普遍存在无牌无证驾驶、改装车辆、未按时年检等情况，保险公司也可能按规定拒赔；还有一些驾驶人在事故发生后害怕赔偿，肇事逃逸，给事故处理造成困难。

51. 农村交通事故高发的原因有哪些？

农村交通事故高发与道路、车辆、人和管理等因素有关，归纳如下：

（1）道路因素

尽管近年来农村道路发展较快，但很多道路特别是低等级的道路存在以下问题：①很多道路狭、陡、弯，会车困难；②路况不佳，抗灾能力差、养护维修较为薄弱；③道路交通安全标志、标线不全；④大部分道路没有路灯，给夜间行车带来困难；⑤道路乱连乱接现象严重，开口随处增加。

（2）车辆因素

在农村道路上通行的车型非常杂乱，有各种类型汽车、农用车、拖拉机、摩托车、人力三轮车、电动三轮车、电动自行车、自行车、残疾车等，形成了复杂的交通环境。很多车辆车况差，缺少检修保养，有不少是二手车、拼装车甚至报废车，或长期超限超载，带病上路，给道路安全埋下隐患。

（3）人因素

很多农村居民交通法律知识较为缺乏，安全意识淡薄：①“一户买车，全家都开”的现象普遍，很多驾驶人未经严格培训甚至没有驾驶证就上路，不熟悉交通法规，驾驶技术生疏、经验不足；②交通行为存在着很大的随意性和盲目性，农用车违法载客、人货混装现象较为常见，酒后驾车、疲劳驾车、超速行驶、超限越载、不使用安全带 / 摩托车头盔、逆向行驶、争道抢行、随意乱穿马路等交通违法行为也是屡禁不止；③违法占道，在道路上堆放建筑材料、打谷晒粮、乱停乱放车辆等相当普遍。

（4）管理因素

农村地区幅员辽阔，道路点多线长，管理力量比较薄弱，警力资源不足，特别是对乡镇道路和偏远地区鞭长莫及，形成道路交通管理的死角盲区；基层政府对道路重建轻管、只建不管的现象较为突出；农村道路交通安全管理形式单一，效率不高。

提高农村地区交通安全水平，需要政府领导，多部门合作，采取综合性措施，包括改善道路交通基础设施、加强对人和车的管理、提高执法效率、改进道路交通安全宣传的方式等。而作为交通参与人，农村居民也需要了解道路交通知识（包括识别各种交通标志），提高自身安全意识，时刻遵守道路交通规则，减少发生交通事故的概率。

52. 如何避免发生交通事故？

交通事故每天都在道路上发生着。事故常常被当作“意外”，很多人觉得发生交通事故就是“命中注定”“运气不好”。但是，从科学的观点来看，道路交通事故是可以预防和控制的。安全文明的交通行为把交通事故的风险降到最小，而一丁点侥幸心理、一次小小的交通违章往往带来安全隐患。

道路交通事故的发生，既有人的因素，也有车辆、道路、环境等的因素。从个人的角度来看，道路、外界环境的因素是不容易改变的。预防道路交通事故，首先要从自身做起，提高安全意识，遵守道路交通法规。

（1）作为机动车驾驶人，要养成良好的驾驶习惯，文明驾驶。不开违章车、“带病”车；不疲劳驾驶；不超载；不闯红灯；不酒后驾驶；不开赌气车；不超速；保持注意力集中，不接打手机或接发短信；行驶时使用安全带（或头盔）等。

（2）作为非机动车驾驶人，不在禁行道路、路段、机动车道内或人行道上骑行；不骑车带人；不双手离把；不闯红灯；不要牵引车辆或被其他车辆牵引；不扶身并行、互相追逐或曲折行驶；不酒后骑车；在夜晚骑行时，最好穿颜色浅或反光的衣服；未满 12 岁的儿童不在道路上骑自行车等。

（3）作为行人，要走人行道，没有人行道的靠路边行走；横过车行道时走人行横道；有交通信号控制的人行横道，不闯红灯；横过没有人行横道的道路时直行通过，不斜穿猛跑；不在道路上玩耍、坐卧或进行其他妨碍交通的行为；不钻越、跨越人行护栏或道路隔离设施；不进入高速公路、高架道路或者有人行隔离设施的机动车专用道；高龄老人上街最好有人搀扶陪同。

（4）作为乘客，不乘坐超载车、不乘坐无载客许可证的违规车；不搭乘农用车；上车时，应等汽车停稳，按次序上下车；在行驶时不将身体任何部位伸出窗外；使用安全带（或头盔）；不乘坐饮酒、醉酒司机驾驶的车辆。

53. 农用车、拖拉机为什么不可以载人？

随着农村经济的发展，人扛肩挑，牲口驮运的传统运输方式早已被农用车、拖拉机取代。由于农村客运交通存在路差、线散、利薄等问题，客运发展很不完善，而自行车在部分山路坡路多的农村地区也因费时费力基本被淘汰，很多群众的出行问题难以解决，于是农用车、拖拉机不仅仅被用于运输和田间作业，更是经常用来载人。有的是顺道捎人，有的则是农闲的时候跑跑客运，有的则是非法改装专跑客运。尽管农用车、拖拉机载人给人们出行带来了便利，但人货混装、非法载客却给道路安全带来了隐患。

农用车、拖拉机在设计之初主要考虑的是在路况不好的田间道路上进行作业，并没有针对载人进行专门的设计。很多是四面无遮挡，乘客基本处于完全暴露的状态，车身较大，重心偏高，稳定性和制动性能都较差，在速度较快的情况下转向、掉头易发生侧翻等事故，发生事故时乘客容易受伤甚至死亡。很多农用车、拖拉机维修保养状态不好，也增加了事故发生的可能性。此外，农用车、拖拉机由于法律规定严禁载人，保险公司对货箱乘坐人不予承保，发生事故后治疗和赔偿资金往往没有着落。因此，农用车、拖拉机载人是对他人生命安全不负责任的行为。

据报道，2016 年山东省枣庄市发生一起交通事故，一辆半挂牵引车与一辆农用三轮车相撞，导致农用三轮车司机及 10 名乘客共 11 人死亡。这并非个例，这些农用车载人引发的重大交通事故，一次一次为我们敲响了安全的警钟。

《道路交通安全法》第五十条规定“禁止货运机动车载客。货运机动车需要附载作业人员的，应当设置保护作业人员的安全措施”。近年来，公安部多次组织开展的专项行动都将低速载货汽车、三轮汽车违法载人作为整治的重要内容。从长远来看，随着经济进一步发展，农村客运得以改善，出行需求和安全保障才能更好地兼顾。

54. 驾乘机动车为什么要系安全带？

早在 20 世纪初，安全带就已经在美国的一些私家车和赛车上使用了，那时候还是两点式，只固定腰部。到 1958 年，瑞典沃尔沃公司的一个工程师尼尔斯 · 博林发明了三点式安全带，成为现代安全带的原型。现在普遍使用的安全带基本上还是这样子的，由一体的肩带和腰带组成，在车体和座椅构架上有 3 个固定点。

安全带看上去简单，作用可不小，它被认为是车内最有效的单一（被动）保护装置。在汽车碰撞或紧急刹车时，安全带可将使用者固定在座椅上，防止其被抛出车外或与车内物体如方向盘、仪表盘等发生二次碰撞，并吸收和缓冲减速力的作用，从而减少受伤风险。美国国家公路交通安全管理局一项估计认为，正确使用三点式安全带，可以降低小汽车前排乘员事故发生时 45% 的死亡（风险）和 60% 的中重度伤风险（请注意：这里引用的数据虽然是前排乘员，但安全带对后排乘客也有相似的保护作用）。

《道路交通安全法》规定机动车行驶时，驾驶人、乘坐人员应当按规定使用安全带。绝大多数小型客车也已安装安全带，但在现实生活中，人们会找各种借口不系安全带，如“不舒服”“太麻烦”“忘记了”“安全带很脏”“低速行驶（没必要）”等。但与保护生命比起来，这些都不足以成为不系安全带的理由。即使车在相对低速情况下行驶，发生碰撞或紧急制动时，也足以让驾乘人员无法控制身体，与车内物体和部件发生撞击，造成伤害。

正确佩戴安全带时，肩带应该跨过胸腔，不能从腋下穿过去，腰带应该紧贴髋骨。孕妇在乘坐车辆时也应该使用安全带，保护孕妇的同时也保护胎儿，只是安全带的腰带不能在肚子上方，而应跨在肚子下缘以下。

开车没系安全带，有的车辆会不断响起警示音。不少人会插个安全带插扣到插槽内，以消除警示音，这当然是自欺欺人。对于有安全气囊的车，甚至产生更坏的结果。插上安全带插扣后，车辆会认为座位上的乘员已经扣上安全带，而座位下的压力传感也检测到有人乘坐，这个时候，安全气囊就处于激活状态。一旦发生正面碰撞，安全气囊会带着很强的冲击力弹出，在没有安全

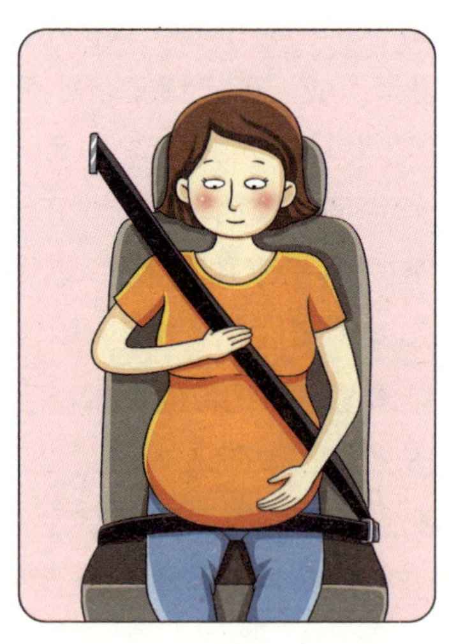

带缓冲的情况下，人体直接撞击到爆发的安全气囊，是极度危险甚至是致命的。因此，安全行车，不管是开车还是乘车（或是乘坐长途客车），不管是前排还是后排，请一定系好安全带！

55. 驾乘摩托车为什么要戴头盔？

摩托车因其便捷、费用低廉、易于保养，已成为农村群众的重要交通工具。但摩托车行驶时不稳定，乘员没有车壳的保护（人们形象地称驾乘汽车为“铁包肉”，驾乘摩托车为“肉包铁”），因此驾乘摩托车的安全系数更低。摩托车交通事故在我国农村地区呈多发趋势，在一些摩托车使用比较普及的地方，摩托车交通事故能占到该地区交通事故总数的 70% 以上，摩托车交通事故伤亡能占到交通事故伤亡总数的一半以上。

头部损伤是摩托车乘员交通事故死亡和残疾的主要原因。几乎在所有事故中，摩托车乘员都会倒地，这很可能造成头部损伤。头部损伤常常是致命的，近年全国性的交通事故数据显示摩托车事故中，大约每 4 例交通死亡就有 3 起是头部受伤导致的死亡。即使只是受伤，头部损伤一般需要专科的医疗或长期康复，由此带来的医疗费用也非常高。

摩托车头盔可以有效地保护头部。世界卫生组织的报告中提到，骑乘摩托车等两轮交通工具时戴头盔，是减少相关交通事故伤亡最有效的一项措施，可使驾乘人员死亡风险降低约 40%，严重受伤风险减少 70% 以上。那么摩托车头盔是怎么起作用的呢？在碰撞时，头盔通过壳体和缓冲层吸收撞击的部分能量，并扩大撞击的接触面积，同时防止头部与外界物体直接碰击，从而降低头部严重受伤的风险。

为了保护驾乘人员的安全，我国法律规定摩托车驾乘人员应按规定戴安全头盔。但在现实生活中，我们经常可以看到很多人在驾乘摩托车时不戴头盔，特别在执法相对薄弱的农村地区。我国摩托车事故头部损伤造成死亡的比例如此高，与摩托车头盔使用率低以及头盔质量低劣密切相关。为了自身的安全，我们在驾驶或乘坐摩托车的时候，一定要佩戴摩托车头盔。此外，还要注意应正确佩戴，很多人的头盔是很松地系上或是根本没有系扣带，在碰撞发生时，很容易造成头部的二次碰撞，或头盔弹飞出去，起不到保护作用。

56. 如何选择摩托车头盔？

市场上摩托车头盔产品的质量参差不齐，价格从十几块钱到几百、几千块钱不等。那么，什么样的产品算是一个合格的头盔？

常见的摩托车头盔分为半盔、3/4 盔、揭面盔和全盔等。半盔的帽体保护范围不包括耳部；3/4 盔比 1/2 盔的帽体保护范围大一些，延长到耳部；揭面盔比 3/4 盔的侧面更向下延长；全盔的帽体保护范围包括眼、面及下颌部分，其壳体与护颌部件为一体结构。与全盔相比，半盔的结构强度和保护能力差点，保护范围小，优点是方便轻巧、通风性好。

摩托车头盔是有安全标准的，国内沿用 GB 11—1998 标准，国外则有 DOT 标准（美国）、ECE 标准（欧洲）、SNELL 标准（美国）、SG 和 JIC 认证（日本）、AS/NZ1698 认证（澳大利亚）等。挑选时可以看有关标志，一般来说，经过安全认证的头盔在安全性能上相差不大。

摩托车头盔由壳体、缓冲层、舒适衬垫、护目镜、佩戴装置等构成。壳体是头盔最外面结构，在撞击时承受和分散冲击，一般用质地坚韧的 ABS(工业塑料)、玻璃纤维或碳纤维材料；缓冲层是里面的泡沫壳，吸收碰撞能量，一般用发泡苯乙烯材料；内衬垫主要是提升舒适程度，一般用吸汗、透气的绒布材料；护目镜对眼部和面部起到保护作用，一般用耐撞击的强化树脂或塑料，透光率要不小于 85%；佩戴装置则由系带、搭扣和连接部件组成。

摩托车头盔是保障乘员安全的最后一层壁垒，质量优劣至关重要，所以在选购头盔的时候，千万不能马虎。以下为几个注意事项：

（1）挑选头盔时要选择有合格证、产品名称、商标、厂址、生产日期、规格、型号、生产许可证编号、产品编号等齐全的产品。

（2）避免选择劣质头盔：这些产品一般来说都很廉价；外壳轻薄、稍微击打就变形甚至轻轻一摔就能摔碎；没有缓冲层；

缓冲层用密度很低的泡沫，用手挤压能有明显凹痕或掉渣；系带、搭扣不结实，容易撕裂或脱落。

（3）查看系带连接件长度，不能超过壳体内、外面表面 3 毫米；护目镜不得有裂纹、划伤等外观缺陷，本身也不能带色；全盔质量不大于 1.60 千克；半盔质量不大于 1.30 千克。在满足标准要求的情况下，一般重一些的头盔质量较好。

（4）保证头盔大小合适，以不夹脸、不晃动为准，重量则以戴上后脖子不感觉重为宜。

（5）安全帽、保安头盔、遮阳帽等不能代替摩托车头盔，比如工地用的安全帽，主要是缓冲高处坠物的冲击，防撞击性和保护范围完全不能与摩托车头盔相比。戴这些帽子也许能应付交警或遮挡阳光，但几乎起不到摩托车头盔应有的保护作用。

此外还要注意：经历过重大撞击事故或已出现破损、裂纹的头盔有安全隐患，不应该继续使用。

57. 如何判定酒后驾驶？

人体内的酒精水平可以通过测量血液酒精含量来确定，也叫血液酒精浓度（BAC）。如 BAC 20 mg/dL(mg 为毫克，dL 为分升），就是体内每 1 分升血液中含有 20 毫克酒精。血液酒精浓度越高，发生事故的概率越大。因此，世界上绝大多数的国家和地区对于驾驶员的 BAC 都有限定。我国规定：BAC 达到 20 mg/dL 但不足 80 mg/dL 为“饮酒驾驶”，达到 80 mg/dl 属于“醉酒驾驶”。对酒驾的驾驶人的处罚措施可算是严厉，特别是“醉酒驾驶”作为危险驾驶罪，将追究驾驶人刑事责任。

我国酒驾检查的程序，一般是先通过酒精呼气测试仪初检，而后进行抽血检测。有的人会在抽血前逃跑，但是现在有规定，如果在抽取血样之前脱逃的，可以以呼气酒精含量检验结果作为依据。也有的人会耍小聪明，在现场当着交警的面喝点酒，干扰警察执法，但现在也有规定，就算是现场喝酒，如果检验发现达到醉酒标准的，就认定为醉酒。

那我们能不能估计出来，喝多少酒体内的血液酒精浓度（BAC）不超过限值？这个比较困难，因为血液酒精浓度与很多因素有关：

（1）考虑饮酒量，不同酒的度数不同，可换算成纯酒精。如 2 两（约 100 毫升）的 40 度白酒，含有 40 克纯酒精；1 瓶（约 500 毫升）4 度啤酒，含有 20 克纯酒精。喝酒越多，体内 BAC 水平越高。

（2）考虑性别、年龄、体重这些因素，男性、年轻人以及体重更大的人，喝同样多的酒，BAC 水平更低一些。

（3）还要考虑喝酒速度和间隔时间，喝得越快，间隔时间越短，BAC 水平越高。一般来说成年人每小时大约能代谢 10 克纯酒精，BAC 水平随着时间逐渐下降。在现实生活中经常可见这样的例子：头天晚上如果喝得多，特别是喝到凌晨，第二天早上驾驶，仍然被查到酒后驾驶。

粗略估计，一个体重 75 千克的成年男性，在 1 小时内喝了

2 瓶啤酒，体内的 BAC 水平大约可达到 80mg/dl，这已经是醉酒驾驶的标准。但事实上，这也仅仅是估算。很多驾驶员都是在自认为只是喝了少量酒的情况下，被拦截作测试后才发现是“酒后驾驶”或“醉酒驾驶”，所以不要抱侥幸心理。

58. 酒量好、车技高是不是可以酒后驾驶？

酒后驾驶是交通事故的主要原因，据估计，酒精导致了 30% ~ 70% 致死性的交通事故，即使保守估计，那也意味着全世界大约 1/3 的致死性交通事故和酒精有关。在我国与酒驾相关的交通事故每年造成数千人死亡，使个人、家庭和社会付出了非常高昂的代价。

研究显示，就算只喝一杯酒也会影响到人的驾驶能力，随着血液酒精浓度（BAC）增加，酒精的作用也更明显。对汽车驾驶员来说，当血液酒精浓度达到 80 mg/100 dL，驾驶员发生交通事故的风险比未饮酒驾驶员高 3.5 倍。对于摩托车驾驶员来说，BAC 超过 50 mg/dL，发生交通事故的风险是 BAC 为零的驾驶员的 40 倍！

酒精会通过以下的方式影响到安全驾驶：

（1）饮酒会造成驾驶员的判断不良、增加反应时间、降低视觉敏锐度、让人放松警惕。

（2）酒精会降低血压，抑制人的知觉和呼吸，导致骨骼肌张力调控失调。

（3）饮酒还会影响驾驶员其他的行为，如酒后的驾驶员很少系安全带、更容易超速等。

（4）如果发生事故，酒精的麻醉作用会对事故后的处理造成不良影响，醉酒伤员的病情评估和治疗非常困难，增加了疾病恶化和发生并发症的可能性。

我国自2011年正式实施《中华人民共和国刑法修正案（八）》，将醉酒驾驶作为危险驾驶罪追究驾驶人刑事责任。同时公安交管系统在全国范围内加强了酒后驾驶执法，近年来，全国平均每年出动警力两千万余人次，拦截检查车辆超1亿辆人次，相当于每3辆车被检测1次以上。

因此，千万不要认为自己“酒量好”“车技高”就可以酒后驾驶。如果打算开车，就避免饮酒；如果打算喝酒，就不要开车，可以搭乘其他人的车辆回家，但也要注意，不能乘坐醉酒司机驾驶的车辆。

59. 超速驾驶有多危险？

超速驾驶是指在道路上行驶的机动车超过了该段道路所规定

的行车速度。俗语说“十次肇事九次快”，超速是最容易引发恶性事故的交通违法行为之一。超速驾驶会产生哪些影响呢?

（1）超速行驶使制动距离延长。驾驶员在行驶时发现前方出现突发事件会紧急刹车，从开始制动到完全停止时，车辆所开过的距离称为制动距离。这个距离与驾驶员的反应时间、路面状况、载荷和制动器性能有关，在这些因素一定的情况下，则主要受车速制约。由于惯性作用，车速越快，制动距离越大，从而增大了事故发生的可能性。

（2）超速影响车辆操作稳定性。汽车在行驶过程中为改变方向和适应道路走向，要经常做曲线运动，这样就产生了离心力。在同等条件下，车速提高 1 倍，其离心力会增加到 4 倍，特别在转弯时，过大的离心力很容易使车辆失控，出现侧翻或驶出路外的危险情况。

（3）超速影响驾驶人的视觉。驾驶人的视野、动视力（在驾驶时，观察的物体都是按一定的速度运动的，此时驾驶员观察物体的视力称动视力）等会随车速的变化而变化。如行车时速在每小时 40 千米时，视野为 100 度，到 8 千米时，视野降到 60 度，到 100 千米时，就降到 40 度了。超速行驶使驾驶人视野变窄，视距变短，辨别近物的能力也进一步下降，驾驶员对前方突然出现的险情难以及时、有效处置。

（4）超速增加了交织点和冲突点。超速行驶时，车辆经常跟车或加速超越正常行驶车，这样就增加了让车和会车的次数。在很多道路上，超车时一般要占据道路中心线或对向行车道，超车次数多，占据对向行车路线的时间越多。因此超速驾驶增加了交织点和冲突点，车辆碰撞的可能性增大。

（5）超速行驶加大了机动车冲击力。机动车在事故时撞击路边建筑物、其他交通工具、交通设施时，会产生冲击力，车速越快，冲击力也越大，所造成的事故后果也越严重。

综上，超速行驶会对机动车的行驶安全带来一系列的不利影响。特别是很多农机车和拖拉机，重心高，挂车后接，稳定性和制动性能本身就不好，超速行驶更加危险。我们应严格按规定限速行驶，保证行车安全。在某些特定环境下，比如高速公路上有局部大雾时或路面结冰时，还应根据管理部门的告示和相关规定，进一步降低车速，谨慎行车。

60. 超载会有什么大问题吗?

在很多的农村地区，拖拉机、农用车都已非常普遍，为农村经济发展和繁荣做出了巨大贡献。但为了“多装多拉快跑”，很多机动车都有超载行为，车辆经常超载到核定载重的数倍以上。看起来，多载一些货物车子也受得了，有什么大问题吗?

我们要知道，车辆的载重量在设计时就已核定好了，所用的材料和构件都是根据这个载重量来设计和制造的。在运输时，如果运载量超过规定数量，将会导致一系列严重的问题。

（1）影响行车安全。超载使车辆惯性增加，制动距离延长，一旦遇到紧急情况，不能在安全距离内停住车辆；使车辆重心后移，前轮转向性能变差，方向盘发飘，操纵性能下降；使车辆稳定性变差，在转向时离心力加大，特别在急弯时容易发生侧滑或侧翻，这些都严重影响行车安全。

（2）缩短机车的使用寿命。超载后增加了发动机的负荷，机件磨损加快；容易造成弹簧钢板折断或弹性降低；增加车架负荷，可引起车架变形；轮胎寿命缩短，还容易引起爆胎。

（3）加强路面桥梁损害。车辆超限超载对道路桥梁的损害呈几何倍数增长，一辆超载 2 倍的汽车驶过 1 次对道路的损害相当于正常的车辆行驶 16 辆次。道路过早的损坏也造成了交通事故的隐患。

（4）干扰正常交通秩序。超载车辆往往也超宽、超高或超长，影响其他车辆的正常行驶；超限超载车辆容易发生故障，在道路上长时间停留，影响正常交通秩序。

超载行车，表面上得到了实惠，但隐患实在很多，是一种得不偿失的行为。《道路交通安全法》将机动车超载列为违法行为。为了自己和他人的安全，我们不应该超限超载。

61. 什么是疲劳驾驶？如何避免疲劳驾驶？

疲劳驾驶是驾驶员在疲劳状况下驾驶车辆，这是很多重大事故的原因之一。在疲劳状态下，人的生理机能和心理机能失调，注意力、感知能力、判断能力都会下降，甚至出现精神恍惚或瞬间记忆消失、操作技能下降、动作迟误或过早、操作停顿或修正时间不当等，极易发生道路交通事故。

疲劳驾驶产生有很多的原因。如由于熬夜、睡眠不足或睡眠质量不高；长时间驾驶（驾驶是一种体力、脑力消耗都很大的活动，它要驾驶员集中精力来不断处理各种与行车有关的信息，长时间驾驶很容易疲劳）；驾驶前服用安眠、镇静类药物，酒精等；由于生物节律，比如午饭后的 1 ~ 2 小时、凌晨时驾驶很容易有昏昏欲睡的感觉。

为避免疲劳驾驶，要注意以下的事项：

（1）保证充足睡眠时间和良好的睡眠效果。不熬夜，保证开车前一晚有七八小时的睡眠时间；

（2）饮食要有规律，外出行车不要饥一顿饱一顿。不要空腹开车，也不要饭后立即开车，一般饭后休息 30 ~ 60 分钟后再开车。

（3）服用药物前要仔细看说明书或咨询医生，了解服用药物是否会影响驾驶安全。

（4）合理安排行车时间，注意劳逸结合。连续驾车不得超过 4 小时，连续行车 4 小时，必须停车休息 20 分钟以上；夜间长时间行车应两人轮流驾驶、交替休息，每人驾驶时间应在 2 ~ 4 小时之间，尽量不在午夜驾车。

（5）如果在开车途中感到疲劳，可打开车窗使空气流通，利用新鲜空气振奋精神；也可利用咖啡、茶水等提神。但要彻底消除疲劳，应就近寻找安全地带停车休息，养足精神后再上路。

62. 发生交通事故怎么办？

在发生交通事故后当事人应该采取措施，减少损失，防止引起事故连锁反应，并及时报案。

（1）立即停车。驾驶人必须立即停车。明知发生事故不立即停车，属有意变动现场的行为，驾车逃逸更是违法犯罪行为。停车后按规定拉紧手制动，切断电源，开启危险报警闪光灯，如夜间还需开示宽灯、尾灯。还需在车后按规定设置危险警告标志，这是很多人容易忽视的，未按规定设置危险警告标志很容易造成二次事故。

（2）做好防火防爆措施。当事人首先应关掉车辆的引擎，消除火警隐患。对油箱破裂、燃油溢出的现场，要严禁烟火，以免造成火灾，扩大事故后果。如是载有危险物品车辆发生事故，除将此情况报警方及消防人员外，还要做好防范措施。

（3）及时报案。发生交通事故后，无人员伤亡，当事人对事实及成因无争议的，或仅造成轻微财产损失，并且基本事实清楚的，可自行协商处理损害赔偿事宜，撤离现场。但不属于上述情况，当事人应及时将事故发生的时间、地点、肇事车辆及伤亡情况，打电话（交通事故报警电话 122 或 110）或委托过往车辆、行人向附近的公安机关或执勤民警报案。同时也可向附近的医疗单位、急救中心呼救、求救（医疗急救求助电话 120 或 110）。

如现场发生火灾，还应向消防部门报告（火灾求救电话 119 或 110）。

（4）保护现场。保护现场的原始状态，包括其中的车辆、人员、牲畜、遗留的痕迹、散落物不能随意挪动位置。为抢救伤者将其挪动时，应在其倒卧位置做好标记。不得故意破坏、伪造现场。当事人在警察到来之前，可用绳索等设置警戒线，保护好现场，同时，尽量在现场附近找当地人作见证人。

（5）抢救伤者或财物。当确认受伤者的伤情后，能采取紧急抢救措施的应尽最大努力抢救，设法送附近医院抢救治疗。除未受伤或虽有轻伤本人拒绝去医院诊断外，一般可以拦搭过往车辆或通知急救部门、医院派救护车前来抢救。对于现场物品或被害人的钱财应妥善保管，防止被盗、被抢。

（6）协助现场调查取证。当事人必须如实向公安交通管理机关陈述事发经过，不得隐瞒交通事故的真实情况，应积极配合协助警察做好善后处理工作，并听候处理。

（7）如有保险的，在 48 小时之内向保险公司报案。

63. 交通事故现场急救要注意什么？

交通事故发生后，现场紧急救护是否得当，直接关系到伤员的生命安危。正确的急救措施可以将伤亡减少到最低程度。因此，我们应了解一些交通事故的急救知识，掌握必要的事故现场急救技巧。

一旦发生交通事故，在事故现场进行急救工作时，应做好以下事情：

（1）现场组织：现场应做好防火防爆等措施，应扑灭大火或排除发生火灾的一切诱因，关掉车辆的引擎、关闭电源、搬开易燃物品，同时向急救中心呼救。

（2）自救互救：尤其是对发生在偏僻地区的车祸，自救和互救都很重要。在车祸现场不能消极等待，充分利用现场器材抢救以赢得求援时间。在抢救中一般本着“先抢后救”“先重后轻”“先急后缓”“先近后远”的原则。

（3）伤情处理：①止血。如果没有止血带，可使用领带、毛巾、围巾、衣物等替代。严禁用铁丝作为止血带使用。②通气。解开衣领，迅速清除伤员口鼻喉异物。对下颌骨骨折而无颈椎损伤的伤员，可将颈项部托起，头后仰，使气道开放。③包扎：如发现有骨折端外露，切勿将骨折端放回原位，否则可能导致深层感染。一旦发生腹壁开放性创伤，可用清洁碗盆扣住外露肠管，严禁在现场将流出的肠管放回原位。④固定：一般以夹板固定为主，可以用木板、竹竿、树枝等替代，固定范围必须包括骨折邻近的关节，如前臂骨折，固定范围应包括肘关节和腕关节。

（4）及时转运：昏迷伤者转运，要保持伤者呼吸道通畅。有脊柱损伤的伤者，搬动必须平稳。在转运时注意观察伤者病情。使用止血带的伤者，应注明使用止血带的时间，如果出现循环障碍应及时处理。腹部损伤、昏迷、呕吐及估计需尽快手术治疗者，应禁饮食，一般病例可适量饮水。

64. 交通事故调查程序有哪些？

依据《道路交通事故处理办法》和《道路交通事故处理程序》的规定，道路交通事故发生后，基本的处理流程如下：

（1）报案。发生交通事故后，无人员伤亡，当事人对事实及成因无争议的，或仅造成轻微财产损失，并且基本事实清楚的，可自行协商处理损害赔偿事宜，撤离现场。对事实、成因有争议的，必须保护好现场，并迅速拨打 122，报告交警。公安交通管理部门接到当事人或其他人的报案后，按照管辖范围予以立案。

（2）现场处理。公安交通管理部门受理案件后，立即派员赶赴现场，抢救伤者和财产，勘查现场，收集证据。

（3）责任认定。在查清交通事故事实的基础上，公安交通管理部门根据事故当事人的违章行为与交通事故的因果关系、作用大小等，对当事人的交通事故责任做出认定。

（4）裁决处罚。公安交通管理部门应依据有关规定，对肇事责任人予以警告、罚款、吊扣、吊销驾驶证或拘留的处罚。

（5）损害赔偿调解。对交通事故造成的人员伤亡及经济损失的赔偿，按照有关规定和赔偿标准，根据事故责任划分相应的赔偿比例，由公安交通管理部门召集双方当事人进行调解。双方同意达成协议，由事故调解人员制作并发给损害赔偿调解书。

（6）向法院起诉。如双方当事人在法定期限内调解无效，公安交通管理部门终止调解，并发给调解终结书，由当事双方向法院提起民事诉讼。法庭开庭审理，判决，当事人根据判决结果申请执行。

65. 什么是交通事故损害赔偿？包括哪些范围？

我国《道路交通安全法》中对道路交通事故的定义是“车辆在道路上因过错或者意外造成的人身伤亡或者财产损失的事件”。道路交通事故损害赔偿就是交通事故发生伤亡和损失后，由赔偿义务人（肇事者、保险公司）给予受害者的补偿。

交通事故损害赔偿项目和标准依照有关法律的规定执行。交通事故当中赔偿义务人给予受害者的赔偿所包含的项目，主要包括医疗费、误工费、护理费、交通费、住宿费、住院伙食补助费、必要的营养费；受害人因伤致残的，还应当赔偿残疾赔偿金、残疾辅助器具费、被扶养人生活费以及因康复护理、继续治疗实际发生的必要的康复费、护理费、后续治疗费；受害人死亡的，还应当赔偿丧葬费、被扶养人生活费、死亡补偿费以及受害人亲属办理丧葬事宜支出的交通费、住宿费和误工损失等其他合理费用；受害人或者死者近亲属遭受精神损害，向人民法院请求赔偿精神损害抚慰金的。

这些赔偿项目都有一定的标准，具体可查询政府部门的文件或向律师咨询。如按受害人身份是城镇居民或农村居民，赔偿标准会有一定差别。城镇居民标准，是指受害人是城镇居民的，残疾赔偿金和死亡赔偿金计算标准按照城镇居民人均可支配收入计算；被抚养人生活费按照城镇居民人均消费性支出计算。而农村居民标准，是指受害人是农村居民的，残疾赔偿金和死亡赔偿金计算标准按照农村居民人均纯收入计算；被抚养人生活费按照农村居民人均年生活消费支出计算。但有规定，如有证据证实发生交通事故时其工作单位或实际居住满一年的地点在镇所在地的居委、村及虽未建成但已列入城镇规划区的村的，也可作为城镇居民，在计算赔偿数额时按城镇居民的标准对待。

第六章

农业生产环境中常见的伤害

66. 如何预防及处理昆虫咬伤？

在农业生产环境中经常会被隐翅虫、毛虫、蝎子等昆虫咬伤，皮肤接触隐翅虫体内的毒液会引起隐翅虫皮炎，发生隐翅虫皮炎时应①局部湿敷：可用1∶5 000～1∶8 000高锰酸钾液、5%碳酸氢钠溶液或聚维酮碘溶液；②可选用炉甘石洗剂、糖皮质激素霜加水调成糊状外用；③严重者可短期内服糖皮质激素。

当皮肤接触毛虫毒毛或其毒毛脱落随风飘扬吹到人体上时，容易引起毛虫炎，常见致病虫有桑毛虫、松毛虫和刺毛虫。发生毛虫皮炎后尽可能去除毒毛，止痒，消炎，防止继发感染。可用透明带反复粘贴皮损部位以粘除毒毛，再用肥皂、草木灰等碱性溶液擦洗干净。局部外擦止痒、保护性药物，如炉甘石洗剂等。皮损广泛剧痒者，可内服抗组胺药物，严重者内服糖皮质激素。

成人被蝎子蛰伤后，一般不会有生命危险，主要表现为被刺处出现一大片红肿、剧痛，严重者可出现流涎、恶心、呕吐、出汗、缓脉等症状。小孩被蛰伤后有时会出现肺水肿、呼吸困难、昏迷、抽搐、呼吸中枢麻痹等严重并发症而致命。被蝎子咬伤后，应立即进行近心侧绑扎、冰（冷）敷、封闭疗法、口服或局部应用蛇药片，口服或注射糖皮质激素等。切开局部伤口，拔出毒针，用弱碱性溶液或 1 ∶ 5 000 高锰酸钾溶液洗涤，或用火罐拔毒。

为预防昆虫咬伤，有以下途径。①经常保持房屋清洁，清除房屋周边杂草、乱石堆和垃圾，室内也应经常打扫，保持整洁，做到墙壁无缝、地脚无洞，使有害昆虫无栖息和钻入之处。②使用驱虫剂：皮肤使用驱虫剂是防止昆虫咬伤的最常用和最有效的方法之一，可以选择喷雾剂、洗剂、膏剂、湿巾、防晒产品、软肤沐浴精油等。③可以使用杀虫剂处理衣物和蚊帐，可采用蚊香通过文火蒸发或使用喷雾剂等方法释放杀虫剂进行空间消毒。④采用物理屏障保护皮肤如使用蚊帐、穿防护服和长衣长裤等，起到预防咬伤的效果。

67. 被动物咬伤后容易引起哪些疾病？

在农业生产环境中经常会发生被动物咬伤的情况，大多数狂犬病病例都是因为被动物咬伤造成的，被带毒动物抓伤或舔黏膜后也会造成感染。狂犬病病毒存在广泛，几乎所有的温血动物，包括各种家畜、家禽及小哺乳动物等都有可能感染狂犬病病毒。一旦被感染狂犬病毒的动物咬伤，狂犬病病毒会通过动物咬人时牙齿上的唾液侵入人体。狂犬病一旦发病，进展速度很快，病死率 100%，多数在 3 ~ 5 天内发病。

此外，一旦被猫、狗等动物咬伤，伤口会出现局部红肿、疼痛发炎的症状，还有可能引起淋巴管炎、淋巴结炎或蜂窝组织炎，所以一定要对猫、狗等温血动物的咬伤重视。

68. 被动物咬伤后如何冲洗伤口？

一旦被猫、狗等动物咬伤，去医院之前应立即、就地、彻底清洗伤口，首先，立即用肥皂水彻底清洗，彻底清洗所有咬伤和抓伤处至少 15 分钟，然后再用清水洗净，用无菌棉将伤口残留液吸尽，避免在伤口处残留肥皂水或清洁剂，再用碘酒或者75%的酒精进行消毒。如果找不到水源，紧急情况下可用人尿代替。冲洗时尽量快且彻底，冲洗并消毒后充分暴露伤口。

伤口反复冲洗后应马上就近到医院做进一步的处理，注射狂犬病疫苗，注射狂犬病疫苗应越早越好，应尽量在24小时之内到医院进行处理。但是超过24小时也应该尽快补打疫苗，只要在疫苗生效前人还没有发病，疫苗就可以发挥效果，对于被咬伤数日或数月仍未注射狂犬病疫苗的人，只要有条件，应尽快注射，争取在狂犬病发病之前让疫苗起作用。

69. 注射狂犬病疫苗后如再发生咬伤需要再次注射吗？

一般情况下，全程接种狂犬病疫苗后体内对狂犬病病毒的免疫水平可维持至少1年。如再次猫、狗咬伤是发生在免疫接种过程中，则继续按照原有程序完成全程接种，不需加大剂量；全程免疫后半年内再次发生猫、狗等动物咬伤者一般不需要再次免疫；全程免疫后半年到1年内再次发生猫、狗等动物咬伤者，应当于0和3天各接种1剂疫苗；在1～3年内再次发生猫、狗等动物咬伤者，应于0、3、7天各接种1剂疫苗；超过3年者应当全程接种疫苗。

70. 如何避免蜱虫咬伤?

蜱（音 pí），成虫在躯体背面有壳质化较强的盾板，称为硬蜱；无盾板者称为软蜱。

硬蜱

软蜱

蜱叮人后可引起过敏、溃疡或发炎等症状，更为严重的是蜱可传播多种疾病。已知蜱可携带 83 种病毒、14 种细菌、17 种回归热螺旋体、32 种原虫，其中大多数是重要的自然疫源性疾病和人兽共患病，如森林脑炎、出血热、Q 热、蜱传斑疹伤寒、野兔热等，给人类健康及畜牧业带来很大危害。

为避免蜱虫叮咬，该如何做好个人防护呢？首先应该避免在蜱类的主要栖息地如草地、树林等环境中长时间坐卧。如果进入此类地区时，应做好个人防护，建议穿长袖衣服，扎好裤腿或将裤腿塞进袜子里；衣服表面尽量光滑，尽量穿浅色的衣服，便于

发现蜱虫；每天劳作结束后应该仔细检查身体和衣物是否有蜱虫爬行或叮咬，发现后应立即清除。其次皮肤裸露的地方应当涂抹驱虫剂如驱蚊胺等。

71. 发生蜱叮咬后应该如何处理呢？

蜱虫常附着在人体头皮、耳后、腰部、腋窝、腹股沟及脚踝等部位，劳作后应及时检查、清除。平时准备一把尖头镊子，一旦发现蜱虫叮咬，在尽可能贴近皮肤表面的地方，将蜱虫夹住，

然后用均匀的力度将蜱虫从皮肤里拔出来，避免将蜱虫刺入皮肤的口器留在里面；或用烟头轻烫蜱露在体外的部分，使其自行退出。切忌生拉硬拽，将蜱的头部留在皮肤内。取出后随时观察身体状况，如出现发热、叮咬部位发炎破溃及红斑等症状时，要及时就医就诊，避免错过最佳治疗时机。

72. 如何预防动物蜇咬伤？

自然界有很多带有毒针的小动物。人们在农业生产活动中，常有被有毒动物袭击的可能，如各种毒蜘蛛、蝎子、海蜇、蜜蜂等，它们可以产生致命的毒素，所以一定要注意预防。一旦被动物蜇咬伤，千万不要惊慌，要注意有毒动物的外观特征，这样有利于判断它们的种类，并立即处理伤口。动物蜇咬伤后，一般局部皮肤会出现疼痛和瘙痒，还会伴有红肿热等反应。如果蜜蜂的毒针刺入皮肤，一定要取出毒针。为减轻疼痛和肿胀，可用冰块敷蜇咬处。如果疼痛剧烈可以服用一些止痛药物。

73. 毒蛇咬伤后应如何处理?

在我国各地特别是南方的森林、山区、草地中会经常出现蛇，当人们在割草、砍柴、采野果、拔菜时容易被蛇咬伤。蛇分无毒（普通）蛇和毒蛇两类。普通的蛇咬伤只在人体伤处皮肤留下细小的齿痕，轻度刺痛，有的可起小水疱，无全身性反应。可用70%酒精消毒，外加纱布包扎，一般无不良后果。毒蛇咬伤在伤处可留一对较深的齿痕，蛇毒进入组织、并进入淋巴和血流，可引起严重的中毒. 必须急救治疗。

被毒蛇咬伤后，首先保持冷静，避免过于紧张以及快速奔跑，否则会加速血液循环，导致蛇毒在血液中的传播的速度会更快，其次是利用身边材料如手绢、纱布等布料在近心端离伤口 5 ~ 10 厘米的地方进行扎绑，每 15 ~ 20 分钟松开一次，一次 2 ~ 3

分钟，避免局部组织缺血坏死。迅速及时挤捏冲洗伤口，用流动清水或肥皂水冲洗，边洗边挤捏伤口，把毒血冲洗干净。条件允许时，用双氧水或 0.1% 或 2% 的高锰酸钾冲洗。用消毒的小刀切开浅浅的口子，检查有没有折断的毒牙，挤压出部分毒血。有条件时，可用火柴头瞬间灼烧伤口，局部高温可以破坏蛇毒，但被咬后超过 30 分钟此办法无效。

切记：无论伤情是否严重，第一时间前往有抗蛇毒血清的医院治疗。如果有器具最好使用拔火罐、吸入器等工具将伤口处的血液吸出。但如果没有器皿，千万不要用嘴吸出，口腔中的任何一个破口溃疡或龋齿等，都可能使毒液进入血液，所以建议立刻就近就医。

74. 蚂蟥叮伤应如何处理？

蚂蟥也叫水蛭，在农村水塘、溪水、河湖、稻田等淡水中常见，尤其在种植水稻时经常会发生蚂蟥叮伤农民的情况。蚂蟥身体后部有强而有力的吸盘能够吸附在人体上，还能爬入口腔、鼻腔、肛门、阴道和尿道等空腔脏器中。蚂蟥的唾液腺能分泌蛭素，具有抗凝血的作用。因此，蚂蟥吸附到人体后不仅局部疼痛严重，同时还可以使伤口流血不止，并容易发生感染。出血过量还可能出现头晕、心慌。发现蚂蟥吸附在皮肤上时，千万不要用手牵拉，否则拉断身体吸盘就会断留在皮肤内。最好的办法是立即将有刺激性特质的如醋、辣椒、盐或烟灰等洒在蚂蟥身上，使蚂蟥身体收缩，放松吸盘，自行脱落。如进入体腔，可采用吹气、浸泡等方法诱导其爬出。将蚂蟥取下后如果伤口流血不止，要压迫止血，并立即到医院就诊。

75. 毒蜘蛛咬伤后应如何处理？

在农村田野里有很多蜘蛛，我国很多种蜘蛛都是有毒的，并且以穴居狼蛛（黑寡妇、致命红斑蛛）的毒性最大，蜘蛛的螯肢即上颚刺破了人的皮肤，毒液就会侵入人体，造成人体中毒。蜘蛛的毒液中含有神经毒性蛋白，对运动神经有强烈的麻痹作用，会引起人头晕、头痛、全身乏力，足跟部常有麻木、刺痛感，流涎、恶心、呕吐，腹肌痉挛，可有畏寒、发汗、流泪、瞳孔缩小、视物模糊、血压升高及全身肌肉痉挛等，严重者还可能危及生命。咬伤局部疼痛、红肿，严重者伤口周围发红、起皮疹，还可能坏死。被毒蜘蛛咬伤后，可在靠近心脏的一端包扎止血带，但是需要每隔一段时间放松一下，包扎总时间不超过 2 个小时，以免造成组织坏死。如有蛇药，可用温水溶化后涂抹在伤口周围，尽快到医院进一步处理。

76. 毒蜂蜇伤后如何处理？

在农业劳动的过程中经常会发现蜜蜂、黄蜂出没，在蜜蜂的尾部有长而粗的螯针并有逆钩，与毒腺相通，毒蜂蜇人后排出毒液，并将部分蜇针留在人体表面。蜜蜂和黄蜂都是有毒的，但毒液成分不同。黄蜂毒液的有毒成分为组氨、五羟色胺、缓激肽、透明质酸酶，有溶血、出血和神经毒作用，并损害心肌、肾小管和肾小球。蜜蜂毒液主要成分是蚁酸，并含有挥发油、组胺等，蚁酸可引起局部炎症反应和全身症状，挥发油是引起烧灼感和疼痛的主要成分。

被蜜蜂和黄蜂蜇后，局部会立即红肿、疼痛，偶尔出现水疱或局部坏死，重者可发生哮喘、少尿、昏迷、溶血、心肌炎、急性肾功能衰竭。对蜂毒过敏者还可能发生过敏性休克。

野外活动时要小心，避免误触蜂巢，更不要因为好奇打扰蜂窝，引致蜂群的攻击而受蜇伤。避免使用浓烈香味的化妆品，因为芬芳气味会吸引蜜蜂。若遇群蜂追袭，可坐下不动，用外衣盖头、颈，以作保护，蜷曲卧在地上，待蜂群散开后，再慢慢撤离。不慎被蜇伤时，可用小针、镊子等工具挑拨或纱布擦拭，取出蜂刺。黄蜂毒液呈碱性，能够被酸性溶液中和，可用食醋等酸性液体洗敷；蜜蜂毒液呈酸性，可被碱性液中和，可用肥皂水、碳酸氢钠或3%氨水等碱性液体洗敷。如全身都有症状，要及时到医院就诊，注意防治过敏性休克。

77. 农村地区哪些情况容易发生火灾？

（1）家庭用火。一是蚊香、烟头等引起的火灾。这类火称为阴燃，由于引起火灾大多需要一个过程，所以容易被忽视，但由此引起的火灾屡屡发生。二是遗留的火种引起的火灾。农村地区多用土灶生火做饭，一不留神就会发生炒菜过后忘记关灶头，或者是灶头上烧着食物，人却跑出去串门了，时间长了导致锅内水被烧干后窜出大火引燃厨房。三是生活用火引起的火灾。这类火灾多发生在厨房，中国人喜欢旺火热油炒菜，一个不小心就容易导致火灾发生。如果不幸家中液化气再漏气或是管道老化，则极易引发严重后果。

（2）电气火灾。一是家用电器长时间待电工作。由于部分村民对新购置家用电器产品的性能缺乏足够的了解和掌握，只管使用，不问安全，家中的各类多用插座插头用后从来不切断电源，甚至有些村民冬天使用电热毯，开了高温后人还跑出去玩，甚至白天人走后电热毯仍处于工作状态。二是电气线路老化，超负荷运作。一些村民图省钱和方便，自己在家中将电气线路到处私拉乱接，往往一个多用插座能插好几个大功率电器插头，且几样电器还在同时工作。这种情况下很容易发生短路等安全事故发生。三是农村电网陈旧，安全系数小。农村供电负荷跟不上经济发展步伐，负荷小、安全系数低，导致部分农村经常无缘无故地跳闸、断电，甚至引发火灾。四是留守老人和小孩不懂电器使用常识。家庭里的青壮年前往大城市打工了，家中只有老人和小孩留守。由于缺乏消防安全常识和电气使用知识，这些人家中虽然有家用电器，却不一定真正掌握了使用方法，对家中电气线路乱拉乱接、电缘老化、线头外露等火灾隐患视而不见。

（3）燃放烟花爆竹不当引发火灾。烟花爆竹品种纷繁复杂，飞行高度和爆炸范围参差不齐，甩炮、拉炮、砸炮等烟花爆竹摩擦感度高，遇到摩擦、碰撞极易发生燃烧爆炸。烟花爆竹的火灾危险性很大，如果燃烧未熄灭的余烬散落在可燃物上面，极有可能引发火灾事故。大部分农村没有实行烟花爆竹禁限令，在春节和元宵节等传统节假日期间，或红白喜事之时，农民朋友都会大量燃放烟花爆竹，因燃烧烟花爆竹不当引发的火灾事故随处可见。

（4）玩火和纵火导致火灾发生。玩火是由于小孩等不知道火灾危险性，而模仿大人做饭、点打火机、划火柴等危险行为。在农忙季节，孩子无人照看或老人照看不周的现象较多，因小孩玩火发生的火灾事故时有发生。纵火是指故意放火，是一种严重的犯罪行为。农村村民法制意识不强，遇到困难和挫折，容易与他人和社会产生矛盾，采取纵火报复的犯罪手段，致使公私财产和他人生命安全受到火灾侵害。

78. 农业生产场所有哪些消防隐患？

无论在工厂上班还是在家种地务农，大部分时间是在生产场所中度过的，在这些作业场所中隐藏着许多消防安全隐患，时刻威胁着我们的生命财产安全，那么您所在的作业场所存在哪些消防安全隐患呢？

（1）乡镇企业存在的火灾安全隐患有：①选址不当，与村庄的防火间距不满足相关规范的要求；②消防设施不到位；③消防安全管理薄弱，一些小型乡镇企业和私营企业，消防安全规章制度不健全，落实不到位；④缺乏对员工的消防培训，员工不具备扑救火灾和引导人员疏散的基本技能，违反操作规程的现象时有发生。

（2）个体作坊主要存在的火灾隐患有：①易燃可燃材料多，个体作坊加工、生产的材料和产品大多为易燃可燃物品，此外个体作坊管理混乱，物品随意堆放，一旦发生火灾，火势蔓延迅速；②安全疏散条件差，个体作坊多由民宅改建而成，缺乏疏散通道和安全出口，一旦发生火灾，给员工生命造成严重威胁；③消防设施器材短缺，很多个体作坊没有配备灭火器等基本消防器材。配备有灭火器的也大多由于维护保养不到位等不能正常使用；

④消防安全管理弱，无论是员工还是业主，消防安全知识都是比较匮乏的。

（3）农作物堆场、打谷（麦）场的火灾隐患：农作物绝大部分是可燃物质，在生产和储存过程中都具有一定的火灾隐患，在我国尤其是中西部农村，传统的打场、脱粒、晾晒等方式还广泛存在，作业周期长，农作物堆积集中，稍有不慎，就能引发大面积的火灾。

（4）塑料大棚的火灾隐患：近些年，农作物塑料大棚火灾呈现多发势头，具有的突出问题有易燃可燃材料多，火灾蔓延速度快，用火用电普遍不规范，火灾扑救困难等。

79. 发生火灾时，应该如何逃生？

在火势较大，个人控制不了的情况下，应果断选择逃生。在火场逃生时应尽量避免吸入有毒烟雾或气体。

首先要用湿毛巾掩住口鼻呼吸，降低姿势，减少吸入浓烟。也可先于无浓烟的地方，将透明塑胶袋充满空气套住头，以避免吸入有毒烟雾或气体。若逃生途中经过火焰区，应先弄湿衣物或以湿棉被、毛毯裹住身体以避免着火。在烟雾弥漫中，一般离地面 30 厘米仍有残存空气可以利用，可采用低姿势逃生，爬行时将手心、手肘、膝盖紧靠地面，并沿墙壁边缘逃生，以免错失方向。火场逃生过程中，要一路关闭所有背后的门，它能减低火和浓烟的蔓延速度。生命珍贵，切不可贪恋财物而延误了逃生的时机。通知周围可能波及的人群及时撤离，并拨打119。

80. 如何预防火灾的发生?

（1）火灰不能乱倒，要用水将火灰的余火泼灭，倒在安全的地方，不要靠近易燃物、可燃物；

（2）灶门要清，水缸要满，烟囱要勤检修，防止裂缝生火。草地、草堆附近要禁止吸烟，防止未熄灭的烟头、火柴头引起火灾。尤其是芦苇田、柴火垛更要杜绝火源，严禁吸烟，以防火星火苗引发大火。特别是在农作物收割时期，更要加倍防范火灾。

（3）教育小孩不要玩火，家长不能无视小孩玩火，不要让小孩开煤气灶和液化石油气灶，各种火具不要乱放，要放在小孩够不着、拿不到的地方。家长外出的时候，不要把小孩锁在家中。小孩春游，教师要教育小孩不要在野外玩火、烧火，还要教育小孩不要在架空线下和高压电线杆旁边玩耍，以防电气火灾、电气事故和人员触电事故的发生。

（4）不要乱扔烟头，不在危险品旁边抽烟，小心易燃物。农业生产环境中通常会存放易燃物质，如秸秆、木柴、汽油、煤油等，吸烟时一定要远离易燃物质，在扔烟头时一定要把烟头掐灭，决不可麻痹大意、掉以轻心。

（5）禁止焚烧杂物，禁止违章使用明火。未经有关部门同意，禁止随意使用明火，同时防止因驱蚊引起火灾。

（6）安装防火报警装置，及时发现火灾、消灭火灾。在走廊、楼梯等其他重要地方使用绝热耐燃材料。保持消防通道畅通，禁止在疏散通道内堆杂物。

（7）小心用电设备着火。及时排除用电设备故障，防止用电设备超负荷运转，发生漏电时应及时找专业维修人员进行修理，并经常检查用电设备的使用情况。防止违章操作和使用不合格产品而引起火灾。禁止乱拉电线、违章用电等。

（8）农业企业在选址时首先应符合城乡消防规划，与村庄的防火间距应满足相关规范的要求，充分考虑消防安全的问题。

其次加强消防设施建设，购置消防器材。加强消防安全管理，健全消防安全规章制度，对员工进行消防培训，提高扑救火灾和引导人员疏散的基本技能。

81. 干农活儿时触电受伤应该怎么办？

农村地区发生触电的常见原因有：缺乏安全用电知识，私拉、私接电线，或抢救电击者未断开电源直接用手拉；在高温、高湿工作地点工作，尤其是梅雨季节，电器绝缘性能降低，人体因出汗、皮肤潮湿，造成皮肤接触点的电阻明显降低，使大电流量容易通过人体而致伤；暴风雪、地震、火灾、交通事故可使电线断裂，也可使人体意外触电；在野外工作遭遇雷击也是常见的电击伤之一；进入高压线安全距离内也可产生触电。

当有人触电受伤时，首先应保证受伤者立即脱离电源。如果开关或插头在附近，应立即拉闸刀开关或拔去电源插头。不能直接拉触电者，可用竹竿、木棒等绝缘物挑开电线，也可戴上绝缘手套或用干燥的衣物包在手上。迅速把病人转移至安全地带，如果触电者神志不清，但呼吸、心跳正常的，使其仰卧于坚实的平地上，畅通气道，注意保暖；对已经发生或者可能发生心跳或呼吸停止者，实施胸外心脏按压和人工呼吸，同时尽快送往医院。

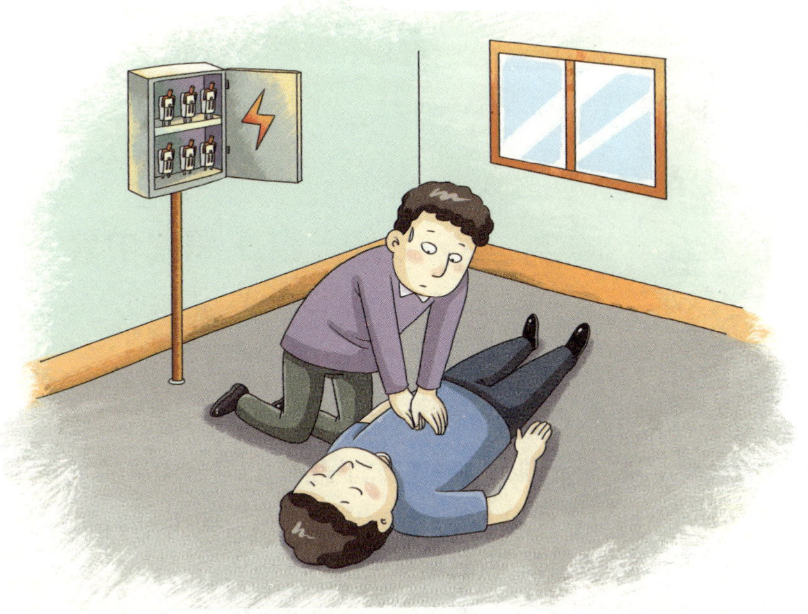

触电受伤后，救护人员不得采用金属和其他潮湿的物品作为救护工具。未采取绝缘措施前，救护人员不得直接接触触电者的皮肤和潮湿的衣服。在拉拽触电者脱离电源的过程中，救护人员宜用单手操作。电击烧伤的创面禁忌涂用有色素的药物，可用清洁辅料或衣服包裹。对合并四肢骨折患者，搬运过程中应适当固定，保护患肢。

预防电击伤的发生，加强安全用电常识的宣传教育，严格遵守技术操作规程非常重要。同时要注意，雷雨时不可在大树下躲雨或使用金属柄的伞在田野里行走。遇有火警或台风袭击时应切断电源。对触电者应争分夺秒抢救。

82. 发生高温中暑时应该怎么办?

环境温度过高、湿度过大，劳动强度过大、时间过长，过度疲劳，睡眠不足，未热适应，身体虚弱等都可以导致中暑的发生。

中暑时劳动者表现为注意力不集中、疲劳、动作的准确性与协调性降低、反应迟钝，以及精神恍惚、浑身无力、昏昏沉沉，导致劳动能力明显下降，易发生事故。高温条件下大量出汗，经肾脏排出的水盐量大大减少，如不及时补充水分，可使尿液浓缩，肾脏负担加重，可能导致肾功能不全，尿中出现蛋白、红细胞等。

发生中暑后，应对中暑者采取积极的现场救治：首先迅速将患者搬至阴凉、通风处，使其平卧并解开衣扣，松开或者褪去衣服；然后使患者身体降温，头部可捂上冷毛巾，也可用酒精、白酒或冷水擦拭全身，然后用风扇吹风，加速散热，等体温降至38 摄氏度以下时，停止一切降温措施；患者有意识时应及时补充水分，可补充淡盐水或小苏打水，但不可急于大量补充水分，否则会引起呕吐、恶心等症状；病人若已昏迷失去知觉，应掐人中等穴位，使其苏醒，若呼吸停止应立即进行人工呼吸；对于严重中暑的病人应立即送医院救治，搬运病人时应用担架运送，运送中应注意尽可能用冰袋冷敷患者额头、胸口、肘窝等部位，及时进行物理降温。

中暑可能对身体造成严重的损伤，所以干农活儿时应注意预防中暑的发生：①躲避烈日：避免夏日正午时间段在烈日下进行劳动。②做好防护措施：晴热高温天气下干农活儿时应戴好遮阳帽，准备充足的饮料。③及时补充水分：应及时补充水分，尽量在饮水中加盐（2 ~ 5 升水加盐 20 克），不要等感到口渴了才喝水。④饮食营养要丰富：吃高热量、高蛋白、高维生素的食物，多喝绿豆汤、番茄汤等。⑤准备防暑药物：随身携带如藿香正气水、清凉油、风油精等防暑降温药物，一旦出现中暑症状及时使用可缓解病情。

83. 紫外线辐射对人体有哪些危害？如何预防紫外线对人体的伤害？

太阳光谱包括无线电波、红外线、可见光、紫外线、X 射线、γ 射线等几个波谱范围。其中达到地球表面的光线分为紫外线、可见光线和红外线，对人体最有影响、最有害的是紫外线，紫外线会对皮肤和眼睛造成不同程度的损伤。

（1）皮肤：户外作业人员接触强紫外线，能引起皮肤红斑，皮肤损害通常发生于暴露部位，某些辐射强度高的可以在数十分钟内发病，表现为局部出现边缘鲜明的水肿性红斑，严重者在红斑基础上可发生水疱，感觉烧灼感或刺痛，往往有全身症状，头痛、疲劳、周身不适，皮肤损害一般在 24 小时左右达到最严重，几天后开始消退，继以糠皮样脱屑、短暂色素沉着。长期暴露于紫外线照射之下，由于结缔组织损害和弹性丧失而致皮肤皱缩、老化，表现为皮肤干燥、粗糙、松弛、起皱，伴有毛细血管扩张与色素的不规则分布。长期接触紫外线可诱发皮肤癌。

（2）眼睛：紫外线可大量被角膜和结膜上皮所吸收，引起急性角膜、结膜炎。一般表现为眼部有异物感或轻度不适；严重时可发生角膜上皮剥脱，眼部有烧灼感或剧痛，畏光，流泪和视物模糊。通常可在 48 小时内消失，严重的可持续数天。在阳光照射的冰雪环境下作业时，会引起急性角膜、结膜损伤，称为“雪盲症”。

农业劳动很难避免露天作业，为了减少损伤，露天作业可选择早、晚阳光不太强烈的时间段，尽量减少在正午强烈阳光下在田间地头劳动的时间。同时应做好个人防护，预防眼部损伤首先要避免让阳光直接照在眼面部，可戴防紫外的遮阳帽、草帽、白色头巾，最好佩戴防护眼镜；预防皮肤损伤，要减少皮肤暴露于阳光下的面积，暴露在外面的皮肤应涂抹防晒霜，最好穿长裤长袖衣服。

84. 发生烧烫伤后应该怎么办？

（1）对创面降温，立即用流动的凉水冲洗半小时左右，至脱离冷水后疼痛减轻。

（2）若烧烫伤的皮肤创面发红、肿胀，觉得火辣辣得疼，但是无水泡出现，可在创面冲洗后，拭干，迅速涂抹烫伤膏，以防感染。

（3）如果烧烫伤面积较大且深，局部红肿、发热，疼痛

难忍，有明显水泡，应在创面经凉水冲洗后，用干净的床单或敷料包裹保护创面，创伤面不要涂擦药物，保持清洁，送往医院救治。不要把水泡弄破，以防细菌侵入而发生感染。

（4）如烫伤较为严重，衣服和表皮粘连，可用剪刀剪开衣服，慢慢脱掉，防止蹭掉皮肤，然后送医救治。

（5）如果烧烫处皮肤焦黑、坏死，疼痛反而没那么剧烈，应立即用清洁的被单或衣服简单包扎，避免污染和再次损伤，创伤面不要涂擦药物，保持清洁，迅速送医院治疗。

（6）烧烫伤病人容易有口渴症状，这时不要喝白开水、矿泉水，以免引发脑水肿和肺水肿等并发症。可少量多次喝些淡盐水，以补充血容量，防止休克。

（7）发生烫伤后，千万不要在烫烧伤的伤口涂牙膏、鸡蛋清乃至食盐、酱油、红药水等，不仅没有治疗烧烫伤的作用，有时还会掩盖创面，使医生无法立即确定创面的大小和深度。

85. 发生溺水后应该怎样进行救治？

农村地区湖、河、溪、水塘及水库的分布密集，面积大且分散，不易管理，且农村居民又有去附近水塘洗澡游泳的习惯，因此农村地区发生溺水的风险更高。

有人发生溺水时，救人者在保证自身安全的情况下，应采取各种措施将溺水者带离水域。立即清除口、鼻腔内的水、泥及污物，将溺水者舌头拉出口外，解开衣扣、领口，以保持呼吸道通畅。然后抱起伤员的腰腹部，使其背朝上、头朝下进行倒水。或者将伤员的腹部放着急救者的腿上，使其头部下垂，并用手平压背部进行倒水，动作要快，时间不宜太长。呼吸微弱或停止者，立即进行心肺复苏和人工呼吸。

86. 常见的食物中毒的类型有哪些?

（1）胃肠型食物中毒：胃肠型食物中毒多见于气温较高、细菌易在食物中生长繁殖的夏秋季节，以恶心、呕吐、腹痛、腹泻等急性胃肠炎症状为主要特征。

（2）葡萄球菌性食物中毒：由于进食被金黄色葡萄球菌及其所产生的肠毒素所污染的食物而引起的一种急性疾病。引起葡萄球菌性食物中毒的常见食品主要有淀粉类（如剩饭、粥、米面等）、牛乳及乳制品、鱼肉、蛋类等，被污染的食物在室温 20 ~ 22℃搁置 5 小时以上时，病菌大量繁殖并产生肠毒素，此毒素耐热力很强，经加热煮沸 30 分钟，仍保持其毒力而致病。该病以夏秋两季为多。

（3）副溶血性弧菌食物中毒：由于食用了被副溶血性弧菌污染的食品或者食用了含有该菌的食品后出现的急性、亚急性疾病。副溶血性弧菌是常见的食物中毒病原菌，在细菌性食物中毒中占有相当大的比例，临床上以胃肠道症状，如恶心、呕吐、腹痛、腹泻及水样便等为主要症状。该菌引起的食物中毒具有暴发起病（同一时间、同一区域、相同或相似症状、同一污染食物）、潜伏期短（数小时至数天）、有一定季节性（多夏秋季）等细菌性食物中毒的常见特点。

（4）变形杆菌食物中毒：由于摄入大量变形杆菌污染的食物所致，属条件致病菌引起的食物中毒。变形杆菌是革兰阴性杆菌，根据生化反应的不同可分为普通变形杆菌与奇异变形杆菌，有 100 多个血清型。大量变形杆菌在人体内生长繁殖，并产生肠毒素，引致食物中毒。夏秋季节发病率较高，临床表现为胃肠型及过敏型。

87. 发生食物中毒后如何自救？

（1）症状轻者卧床休息。如果仅有胃部不适，食物吃下去的时间在两小时内，可采取催吐的方法。立即取食盐 20 克，加开水 200 毫升，冷却后一次喝下。如不吐，可多喝几次，迅速促进呕吐。亦可用鲜生姜 100 克，捣碎取汁用 200 毫升温水冲服。如果吃下去的是变质的荤食品，则可服用十滴水来促进迅速呕吐。也可用筷子、手指或鹅毛等刺激咽喉，引发呕吐。

（2）如果病人吃下去中毒的食物时间超过两小时，且精神尚好，则可服用些泻药，促使中毒食物尽快排出体外。

（3）中毒较重者，如果发现中毒者有休克症状（如手足发凉、面色发青、血压下降等），应尽快送往医院治疗。

88. 如何预防食物中毒的发生？

首先要加强卫生安全意识，主动学习科普知识；不食用放置时间过长的食品原料，如发芽或霉变的食物；去除食物中有毒有害的部分，如猪肾上腺、甲状腺等；四季豆、豆浆等充分彻底加热后才能食用；尽量不购买、不食用卫生条件差的小摊小贩或农贸市场的食物；多人聚餐选择新鲜干净的食材。家庭可考虑选用－18℃的低温冷冻箱，它对于家庭食品保鲜和存储，以及减少食品再污染方面都具有较好的效果。在电冰箱使用过程中，要长期保持电冰箱的内部清洁卫生，生、熟食要分开放，并且存放时间不能过长。在冰箱冷藏的熟食，食用前要经过加热处理，一般来说，细菌耐寒不耐热，在高温下会很快死亡。